2023
农业资源环境保护与农村能源发展报告

农业农村部农业生态与资源保护总站　编

中国农业出版社
北　京

编委会

主　　编：严东权

副 主 编：李少华　李惠斌　闫　成　邢可霞

编写人员（以姓氏笔画为序）：

万小春　习　斌　马凤飞　马红菊　王　海

王全辉　朱平国　朱哲江　任雅薇　刘代丽

闫晓强　许丹丹　孙　昊　孙仁华　孙玉芳

苏莹莹　杜　宇　杜美琪　李成玉　李冰峰

李朝婷　吴泽嬴　邱　丹　宋成军　张宏斌

张思娟　陈　涛　周海滨　郑顺安　宝　哲

居学海　赵　欣　胡潇方　段青红　贾　涛

倪润祥　徐文勇　徐志宇　高　戈　黄正昕

黄宏坤　焦明会　靳　拓　薛颖昊

前 言

党的二十大报告对全面推进乡村振兴、加快建设农业强国作出战略部署，习近平总书记在2022年底召开的中央农村工作会议上对发展生态低碳农业提出明确要求，中共中央、国务院印发《关于做好2022年全面推进乡村振兴重点工作的意见》，对推进农业农村绿色发展、持续实施农村人居环境整治提升、推进乡村生态振兴重点工作进行了部署。为贯彻落实党中央决策部署，农业农村部联合有关部门发布了《农业农村减排固碳实施方案》《外来入侵物种管理办法》《农业农村污染治理攻坚战行动方案（2021—2025年）》《建设国家农业绿色发展先行区　促进农业现代化示范区全面绿色转型实施方案》等政策文件。这些重大决策部署和重要工作安排，为做好农业生态环境保护顶层设计、推进重点任务落实，指明了发展方向、提供了根本遵循。

2022年，全国农业资源环境保护和农村能源生态建设体系围绕中心、服务大局，主动适应新形势、新要求，锚定主责主业，发挥专业优势，各方面工作都取得了显著成绩。为宣传农业资源环境保护与农村能源建设一年来取得的工作成效，总结交流各地的典型做法和经验，农业农村部农业生态与资源保护总站组织编写了《2023农业资源环境保护与农村能源发展报告》，本报告围绕2022年农业生态环境保护重大政策、重点工作、重要项目，以客观、权威数据为支撑，全面反映2022年行业体系取得的主要进展和成效，报告主体包括行业综述、体系建设、农业野生植物保护、外来入侵物种防控、农业面源污染防治、农膜科学使用回收、农产品产地环境管理、农村可再生能源建设、生态循环农业建设、秸秆综合利用、农业绿色发展支撑体系推进、国际交流和地方实践。

在报告编制过程中，农业农村部科技教育司、发展规划司、国际合作司等机关司局给予了大力指导和支持，全国各相关部门提供了大量工作素材，中国农业科学院农业环境与可持续发展研究所、农业农村部规划设计研究院、中国农业大学、中国农业生态环境保护协会等单位专家提供了宝贵意见建议，在此一并表示感谢。由于编者水平有限，书中难免有错误之处，敬请读者批评指正。

编 者

2023年11月

目录　CONTENTS

行业综述

2022年是党和国家历史上极为重要的一年。党的二十大胜利召开，描绘了全面建设社会主义现代化国家的宏伟蓝图。一年来，面对复杂严峻的国内外形势和持续反复的疫情冲击，在农业农村部指导下，农业农村部农业生态与资源保护总站（以下简称"生态总站"）带领农业资源环境与农村能源生态体系（以下简称"农业环能体系"），坚持以习近平新时代中国特色社会主义思想为指导，深入贯彻习近平生态文明思想，深入贯彻落实党中央、国务院决策部署，落实部党组工作要求，坚定践行"绿水青山就是金山银山"的发展理念，立足"保供固安全、振兴畅循环"的工作定位，统筹农业稳产保供与绿色发展，把农业生态环境建设工作摆在农业农村发展的突出位置，锚定主责主业，加强体系建设，强化使命担当，鼓励地方创新，扎实推进农业生态环境保护，农业绿色发展取得显著成效，为国家粮食安全和乡村振兴提供了重要基础支撑。

一、体系机构能力建设不断加强

2022年，农业环能体系共有省市县机构2 763个。其中，省级47个、市级398个、县级2 318个。共有在编人员15 118人。其中，省级762人、市级3 017人、县级11 339人。北京、重庆、四川、河南、湖南、云南6省市在农业农村厅设立了专门行政处室。成立了农业资源环境标准化技术委员会。参与推动制订法律法规1项，制定行业标准15项。

二、农业资源保护工作持续开展

开展《野生植物保护条例》修订预研工作，组织专家系统梳理农业野生植物资源保护利用现状与存在问题，围绕农业农村部门负责管理的500多个物种，进行形态特征、地理分布、居群面积等基本信息调查研究。2022年，围绕农业野生植物资源保护与利用，调查收集2 000余份重要野生植物资源，开展47处定点监测；在湖北、甘肃、河北、湖南、江西5个省，建设野生稻、野生茶、野生百合、野生猕猴桃等农业野生植物原生境项目6个，保护面积1.3万亩*。

三、外来物种入侵普查工作推进顺利

农业农村部牵头成立外来入侵物种普查工作领导小组，构建协同联动工作机制，先后成立省级普查工作机构36个，协调近170家科研院校、企事业单位参与普查，普查人员总数达到3.7万人，争取普查经费8.2亿元，其中中央财政投入2.6亿元。全年完成2 676个区县的踏查路线7.3万条，设置调查样地10万个，完成23 718个重点调查点位（完成率75.16%）。

四、农业面源污染治理持续开展

推动印发《"十四五"长江经济带农业面源污染综合治理实施方案》《农业农村污染治理攻坚战行动方案（2021—2025年）》，进一步部署加强重点区域重点环节农业面源污染治理工作。2021—2022年度安排中央预算内投资29.36亿元，支持长江经济带和黄河流域12个省份67个县开展项目建设，打造了一批综合治理示范样板。持续做好241个农田氮磷流失国控监测、2万个典型地块调查工作，形成《2021年度农田氮磷流失监测报告》，系统分析不同区域、种植模式的农田氮磷流失状况和变化规律。

---

*　亩为非法定计量单位，1亩≈667平方米。——编者注

五、农膜科学使用回收有序进行

农业农村部、财政部联合部署开展地膜科学使用回收试点工作，2022年聚焦河北、山东、内蒙古、甘肃、新疆等重点用膜省份，通过农业相关转移支付，支持推广加厚高强度地膜和全生物降解地膜，一体化推进了地膜源头减量、使用管理和回收处置，系统解决了传统地膜回收难、替代成本高等问题。继续在500个全国农田地膜残留监测点、5 000个典型调查点开展例行监测调查，形成《2021年度农田地膜残留国控监测报告》。地膜全年使用量132万吨，地膜覆盖面积2.59亿亩，已连续3年实现负增长，全国农膜回收率稳定在80%以上。

六、耕地重金属污染得到有效治理

农业农村部会同生态环境部印发《关于分解落实2022—2025年受污染耕地安全利用任务的函》，部署各省（自治区、直辖市）年度任务目标。农用地土壤环境状况总体稳定，全国农用地安全利用率保持在90%以上，影响农用地土壤环境质量的主要污染物是重金属。共布设国控监测点5 783个，其中普通循环监测点2 783个，开展土壤重金属、基本理化性质以及农产品质量协同监测；耕地地力监测点2 640个；农药残留监测点360个。统筹布局建设20个耕地重金属污染防治联合攻关基地，覆盖西南、华南、华东、华中、华北、东北等区域典型耕地土壤，以及水稻、小麦、玉米、蔬菜等重点作物类型；筛选出31个较为稳定的镉低积累作物品种与20个较为长效的治理修复产品。

七、农村可再生能源建设持续推进

农业农村部、国家发展改革委联合印发《农业农村减排固碳实施方案》，部署了6项重点任务和10项重点行动。开展农村地区沼气设施安全隐患排查整治行动，成立农业农村部沼气安全生产专家指导组，组织开展专项排查整治工作，累计排查行政村18.33万个。2022年全国沼气在利用用户416.41万户，各类沼气工程75 111处；秸秆能源化利用工程2 656处，北方农村秸秆打捆直燃清洁供暖面积815万平方米；全国太阳房34万多处，太阳能热水器4 110万台，太阳灶80万台。

八、生态循环农业建设取得突破

2022年，印发《推进生态农场建设的指导意见》，提出到2025年，在全国建设1 000家国家级生态农场，带动建设10 000家地方生态农场，遴选培育一批现代高效生态农业市场主体，总结推广一批生态农业建设技术模式，探索构建一套生态农业发展扶持政策。2022年共建设国家级生态农场299家，其中，种植型农场198家、养殖型农场28家、种养结合型农场73家；各省（自治区、直辖市）培育省级生态农场1 000余家。

九、农作物秸秆综合利用深入推进

2022年，全国农作物秸秆产生量8.65亿吨，可收集量7.31亿吨，利用量6.44亿吨，综合利用率达到88.1%。其中，秸秆肥料化、饲料化、燃料化、基料化、原料化利用率分别为57.6%、20.7%、8.3%、0.7%和0.8%。秸秆直接还田量3.82亿吨，离田利用量2.62亿吨，离田利用效能不断提升。全年建设了300个秸秆综合利用重点县；构建了覆盖2 954个县级单位、35.2万户抽样农户、3.7万家市场主体的秸秆资源台账；布设了32个全国秸秆还田生态效应监测点。

十、农业绿色发展势头良好

农业农村部等5部门联合印发《建设国家农业绿色发展先行区　促进农业现代化示范区全面绿色转型实施方案》，明确了加快应用农业资源节约集约技术、发展绿色社会化服务组织、支持农业生产"三品一标"、落实绿色生态导向的农业补贴政策、创新农业绿色信贷服务等18项重点任务。以一本账、一个体系、一套标准、一个平台、一套制度为主要内容的国家重要农业资源台账制度初步建立，国家、省、市、县、农户五级重要农业资源台账数据体系基本构建。北京市延庆区等49个地区入围第三批国家农业绿色发展先行区创建名单，农业农村部办公厅推介发布了51个全国农业绿色发展典型案例。经农业农村部办公厅批准，生态总站成立农业绿色发展评价中心，成为农业环能体系支撑农业绿色发展的专门力量。

十一、国际交流合作务实开展

围绕农业生态环境领域中的热点问题，与美国、英国、俄罗斯、泰国等国农业机构开展积极合作。配合推动中英双方农业部门签署了《中英农业绿色发展合作谅解备忘录》，先后参加《生物多样性公约》第十五次缔约方大会、《名古屋议定书》第四次缔约方大会、《卡塔赫纳生物安全议定书》第十次缔约方大会、中俄总理定期会晤委员会环保合作分委会跨界保护区和生物多样性保护工作组第十六次会议、泰国农业生物多样性国际对话会等活动，与联合国开发计划署、联合国粮食及农业组织、世界银行等机构密切联系，全力做好全球环境基金等相关国际项目实施与谋划。

体系建设

机构设置

2022年，农业环能体系共有省市县机构2 763个。其中，省级47个、市级398个、县级2 318个。总体来说，地方单独设置机构逐步减少，职责职能交叉或相近机构逐步合并成为趋势。机构性质以事业单位为主，北京、重庆、四川、河南、湖南、云南等6省市在农业农村厅设立了专门行政处室。

人才队伍

2022年，农业环能体系共有在编人员15 118人。其中，省级762人、市级3 017人、县级11 339人。总体来看，专业技术岗位占62.6%，管理岗位占26.4%，工勤技能岗位占11.0%；36岁以下人员占17.6%，36~50岁占49.6%，51岁以上占32.8%；硕士及以上学历占7.9%，本科学历占50.1%，大专学历占29.7%，中专及以下学历占12.3%；高级职称占27.9%，中级职称占33.9%，初级职称占17.5%，无职称占20.7%。

制度建设

目前，农业生态环境保护领域已建立了较为完善的规章制度，形成了以《农业法》《环境保护法》《农业技术推广法》为根本，以《乡村振兴促进法》《农产品质量安全法》《水污染防治法》《土壤污染防治法》《生物安全法》《固体废物污染环境防治法》《畜禽规模养殖污染防治条例》《野生植物保护条例》等11部专门性法律法规为基础，以及27个省份出台的农业生态环境保护条例和农村能源、废旧农膜回收利用、外来入侵物种管理等专门地方性法规为有效补充的"3+11+N"法规体系。制定了生态环境保护党政同责、一岗双责、生态环境损害责任终身追究和生态文明建设目标评价考核等责任制度。2022年，新组建了农业资源环境标准化技术委员会，参与推动制订《外来入侵物种管理办法》，制定行业标准15项。

条件建设

目前，农业环能体系在全国布设了4万个农产品产地土壤环境监测点位、241个农田氮磷流失监测点位、500个农田地膜残留监测点位、5 000个典型地块调查点位、42个秸秆还田生态效应监测点位；建设了13个现代生态农业示范基地、431个国家级生态农场、63个农村能源综合建设示范村、20个耕地重金属污染防治联合攻关试验基地、34个可降解地膜评价筛选试验基地，合作共建18个科研试验基地、3个部级重点实验室、3家科技创新联盟；开展了重点流域农业面源污染综合治理、秸秆综合利用重点县建设、地膜科学使用回收试点、全国外来入侵物种普查、第二次全国污染源普查、全球环境基金赠款等重大项目。

重要活动

一、举办首届农业生态环境建设论坛

2022年9月29日，由农业农村部科技教育司指导、农业农村部农业生态与资源保护总站支撑、中国农业生态环境保护协会主办的首届农业生态环境建设论坛在北京举办，论坛由农业农村部科技教育司司长周云龙主持，张桃林副部长出席论坛并作主旨报告，严东权站长发布了全国农作物秸秆综合利用情况报告，张福锁、吴丰昌、周卫3位院士分别针对洱海保护与高值农业、我国水污染控制与治理、耕地保护与利用的战略思考作了主旨演讲。

首届农业生态环境建设论坛在京举行

二、举办体系省级管理干部能力建设培训班

2022年12月12日，生态总站举办了农业资源环境保护和农村能源生态建设体系省级管理干部能力建设培训班。严东权站长作主旨报告，生态环境部有关单位专家介绍了生态环保督察相关政策要求，部内有关司局处室主要负责人介绍了"十四五"农业绿色发展的重点任务及水平监测评价有关情况，农业资源环境保护、农村能源生态建设领域工作开展情况及2023年工作思路，四川、甘肃、湖北、江苏、广西、上海、安徽7个省站负责人介绍了工作经验和创新亮点，李少华副站长作总结发言，要求各省站迅速组织传达学习，深入领会中央有关政策要求和决策部署，切实抓好贯彻落实。

农业野生植物保护

基本情况

目前，农业农村部门负责管理131种、15类农业野生植物资源（《国家重点保护野生植物名录》，2021年）。2022年，围绕农业野生植物资源保护与利用，调查收集2 000余份重要野生植物资源，开展47处定点监测；在湖北、甘肃、河北、湖南、江西5个省份投资4 326万元，建设野生稻、野生茶、野生百合、野生猕猴桃等农业野生植物原生境项目6个，保护面积1.3万亩；组织行业专家系统梳理了农业农村部门负责管理的国家重点保护野生植物物种分布情况，以及50余个野生大豆原生境保护项目情况。

制度建设

开展《野生植物保护条例》修订政策研究，组织专家系统梳理农业野生植物资源现状与存在问题，专题研究农业野生植物保护与利用工作，提出修订意见。此外，针对新发布《国家重点保护野生植物名录》中受保护物种大量增加的状况，组织力量研究由农业农村部门负责管理的物种形态特征描述、地理分布、居群面积等基本信息，为政策修订、普查调查、资源收集和原生境保护提供基础支撑。

由中国农业科学院作物科学研究所牵头，制定《农业野生植物原生境保护点（区）无人机监测技术规范》，修订《农业野生植物原生境保护点（区）建设技术规范》，对农业野生植物自然保护区建设条件、规划、内容及规格等方面进行制修订，为完善原生境保护区建设、促进农业野生植物保护提供科学依据。

2022年10月，《农田景观生物多样性保护导则》（NY/T 4153—2022）发布，规定了农田景观生物多样性保护的总则和基本要求，以及北方平原河谷区、南方平原河谷区、山地丘陵区河谷、山地丘陵区坡地等类型区域多样性保护和技术措施。

农业野生植物资源调查监测

2022年，农业农村部科技教育司组织18家科研院所开展农业野生植物资源调查监测工作。对国家重点保护野生植物或具有重要利用价值的野生植物进行分布、数量、种群特征、生境状况、主要受威胁因素等调查，更新农业野生植物资源信息，对收集的重要物种资源进行鉴定评价。全年完成1 510份野生大豆资源、100份野生花卉和药用植物资源、300份牧草近缘以及40份珍稀濒危植物等种质资源的调查收集工作，并对牧草近缘种质资源进行扩繁，编目入库牧草种质资源100份，向相关高校、科研部门、社会企业分发利用300余份，促进种质资源共享利用。

各省市也积极推动野生植物资源调查、监测和收集。重庆市丰都县武陵山、万州区铁峰山、忠县精华山等完成资源调查与收集工作，共发现21个科35个属55个种（类）的野生植物资源，采集农业野生植物资源41份，制作标本23份；河北省对14个资源分布丰富的县区开展调查，确定有效GPS点位675个，收集拍摄照片6 200余张，累计记录植物193科469种；江西省继续开展东乡野生稻原生境保护点及崇义县原生境保护点监测工作，开发了资源调查云采集软件，编写完成了《江西省国家重点保护农业野生植物鉴别电子手册》，为下一步实地调查强化了技术保障。

农业野生植物原生境保护区（点）监测

围绕已建设农业野生植物原生境保护区（点），对重要农业野生植物目标物种现状、生境变化状况、资源变化动态和趋势开展定位监测，共设置定位监测点47个，掌握资源变化情况。

各省份也加强了对原生境的保护工作：海南省组织中国农业科学院等院所技术专家赴陵水、万宁、儋州农业野生植物原生境保护点开展野生稻原生境保护调研走访工作；江苏省加强对6个农业野生植物原生境保护点运行管护；安徽省加强对13个农业野生植物原生境保护点的管护；广西壮族自治区全区13个原生境保护点区域内保护物种资源量稳定，种群生长环境得到不断优化；河南省围绕国家重点保护农业野生植物原生境保护点组织开展典型区域农业野生植物资源调查收集与监测，形成了《河南省四大山系国家重点保护农业野生植物图鉴》。

中国科学院钱前院士到桂平市野生稻保护点调研（2022年8月7日）

科普宣传

2022年，农业农村部积极开展农业野生植物保护宣传报道，多次组织培训，推动公众保护农业野生植物意识提升。

地方农业农村部门、科研单位也充分利用已建立的农业野生植物原生境保护区和调查监测中收集的农业野生植物物种，积极开展物种选育、驯化利用。吉林省农业科学院开展了野生大豆资源的开发利用，录制的新闻专题《为中国大豆注入"洪荒之力"》在"吉林省新闻综合广播新闻时间"节目中播出。

外来入侵物种防控

基本情况

目前，全国已发现660多个外来入侵物种（《2020中国生态环境状况公报》，2021年），其中入侵植物370余种，入侵动物220余种，71种对自然生态系统已造成或具有潜在威胁，215种已入侵国家级自然保护区，发生面积近亿亩。2022年，全年组织开展灭除5 000余次，治理面积4 770万亩。

制度建设

2022年5月，农业农村部会同自然资源部、生态环境部、海关总署印发了《外来入侵物种管理办法》，明确了属地责任，细化了部门职责。

外来入侵物种管理办法

重点管理外来入侵物种名录

2022年7月，农业农村部会同自然资源部、生态环境部、住房和城乡建设部、海关总署及国家林草局，发布《重点管理外来入侵物种名录》，收录了59个外来入侵物种，为从源头预防、监测预警、精准防控提供重要依据。

2022年3月，农业农村部、自然资源部印发《农业外来入侵物种普查面上调查技术规程（试行）》，明确调查对象、调查流程与方法，规范农业外来入侵植物、农作物外来入侵病虫害、外来入侵水生动物、质量控制等工作。

2022年7月，生态总站推动印发了《农业外来入侵植物重点调查技术规范》等系列技术文件，明确入侵植物、病虫害、水生动物重点调查技术规范。各地按照中央统一部署要求，结合本地区实际，出台了外来入侵物种防控工作方案和普查实施方案。

农业农村部办公厅
自然资源部办公厅 文件

农办科〔2022〕8号

农业农村部办公厅　自然资源部办公厅关于印发《农业外来入侵物种普查面上调查技术规程（试行）》的通知

各省、自治区、直辖市农业农村（农牧）厅（局、委）、自然资源主管部门、新疆生产建设兵团农业农村局、自然资源局：

为落实《外来入侵物种普查总体方案》，扎实推进农业外来入侵物种普查面上调查工作，我们制定了《农业外来入侵物种普查面上调查技术规程（试行）》。现印发给你们，请结合实际认真

— 1 —

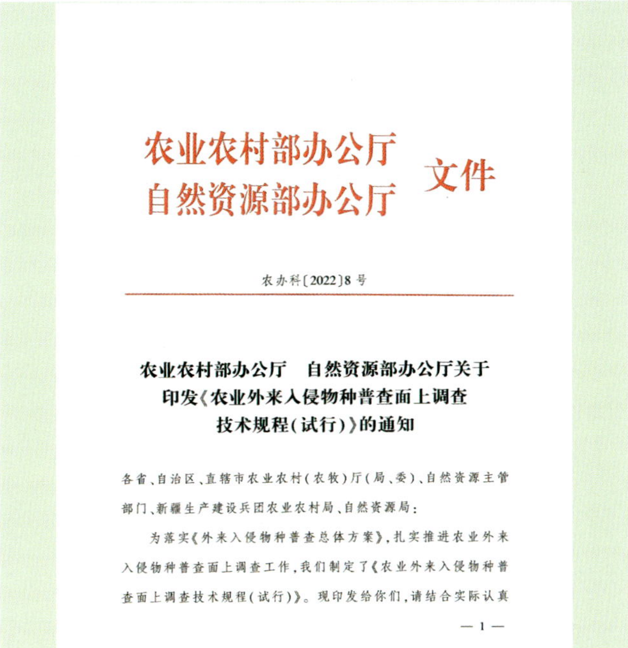

农业外来入侵物种普查面上调查技术规程（试行）

农业农村部科技教育司

农科（资环）函〔2022〕1号

关于印发《农业外来入侵植物重点调查技术规范》等普查相关文件的通知

各省、自治区、直辖市及计划单列市农业农村（农牧）厅（局、委），新疆生产建设兵团农业农村局，各有关单位：

为落实《外来入侵物种普查总体方案》，扎实推进农业外来入侵物种普查工作，我们制定了《农业外来入侵植物重点调查技术规范（试行）》《农作物外来入侵病虫害重点调查技术规范（试行）》《外来入侵水生动物重点调查技术规范（试行）》《农业外来入侵物种普查面上调查质量控制工作方案》《农业外来入侵物种普查重点调查质量控制工作方案》。现印发给你们，请结合实际认真执行。

附件：1. 农业外来入侵植物重点调查技术规范（试行）
2. 农作物外来入侵病虫害重点调查技术规范（试行）
3. 外来入侵水生动物重点调查技术规范（试行）
4. 农业外来入侵物种普查重点调查质量控制工作方案

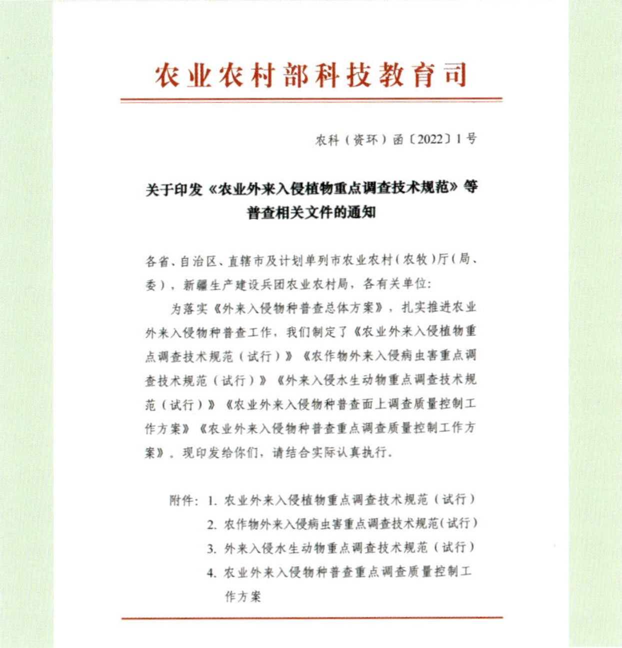

农业外来入侵植物重点调查技术规范

普查调查

一、加强组织保障

2021年，农业农村部牵头成立外来入侵物种普查工作领导小组，由分管部领导担任组长，按照“全国统一部署、地方分级负责、各方共同参与”原则，构建协同联动工作机制。截至2022年底，各地成立省级普查工作机构36个，协调近170家科研院校、企事业单位参与普查，普查人员总数达到3.7万人。积极争取各级财政部门支持，落实普查经费8.2亿元，其中中央财政投入2.6亿元，有力保障了普查工作实施。

农业农村部办公厅

农办科函〔2021〕5号

农业农村部办公厅关于建立外来入侵物种普查工作领导小组和专家组的函

自然资源部、生态环境部、住房城乡建设部、海关总署、国家林草局办公厅（室）：

为落实农业农村部、财政部、自然资源部、生态环境部、住房城乡建设部、海关总署、国家林草局等7部门联合印发的《外来入侵物种普查总体方案》，系统协同推进普查工作，及时协调解决普查工作中遇到的困难和问题，确保普查工作质量，经协商一致，决定在外来入侵物种防控部际协调机制下成立普查工作领导小组和专家组。

领导小组组长由我部副部长张桃林担任，各部门相关司局负责同志担任成员（成员名单见附件1）。领导小组负责外来入侵物种普查工作指导、监督、协调，具体包括：组织部署外来入侵物种普查；协调解决外来入侵物种普查工作中的重大困难和问题；督促落实外来入侵物种普查工作任务；研究审查外来入侵物种普查成果

建立外来入侵物种普查工作领导小组和专家组

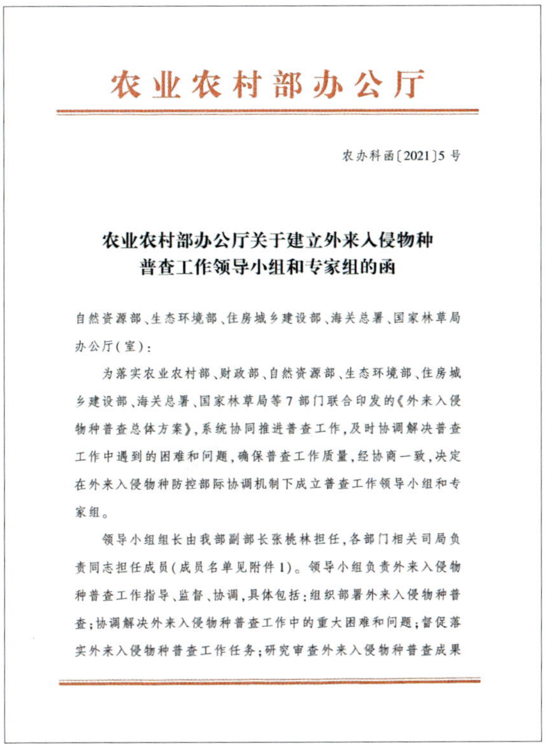

二、组织面上调查

建立云采集和大数据云管理的软件系统，设置外来入侵物种普查数据的采集上报、逐级审核、管理维护、统计分析等功能，以县级行政区为基本单元，开展农业外来入侵物种面上调查。截至2022年底，组织全国2 676个区县完成踏查路线7.3万条，设置调查样地10万块，共调查到农业外来入侵物种650余个。

河北省沧州市青县外来入侵病虫害调查

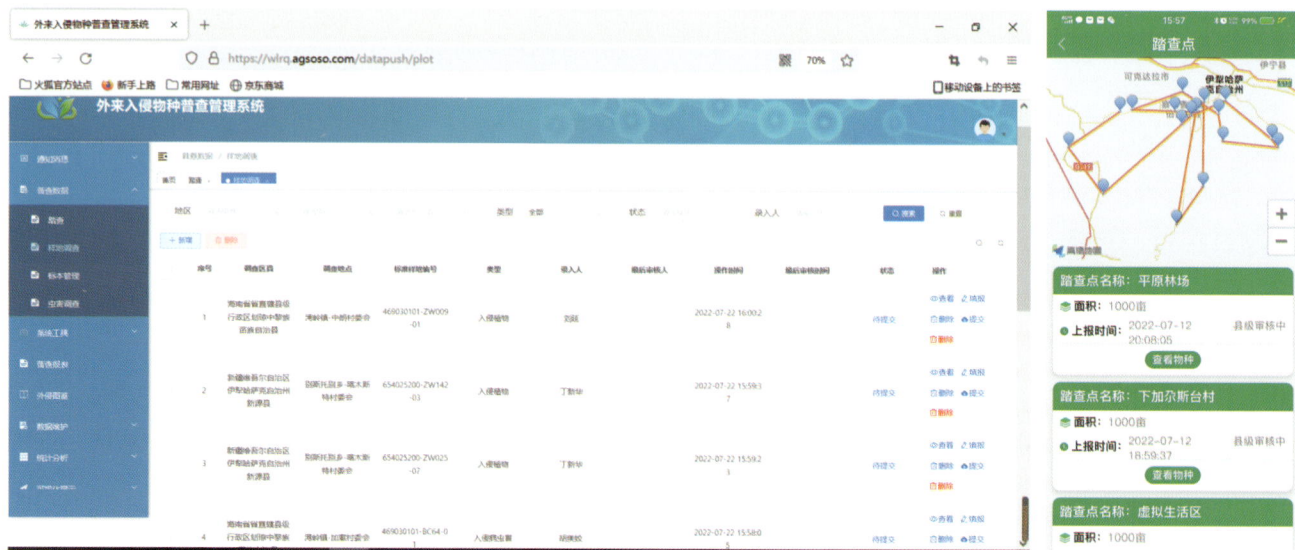

普查管理系统

三、开展重点监测

围绕160多个重大危害农业外来入侵物种，在其暴发区、新发区及高危风险区，组织50余家单位对全国3.1万个调查监测位点开展调查监测工作。其中，80种农业外来入侵植物重点调查监测设置16 000个调查监测点，74种农作物外来入侵病虫害重点调查监测设置11 100个调查监测点，10种外来入侵水生动物在全国重点流域共设置4 455个调查监测点。

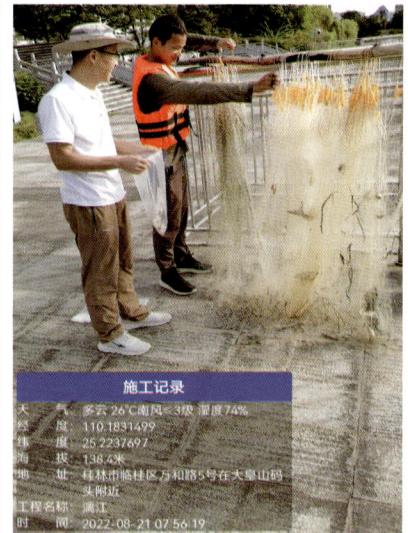

外来入侵水生动物重点调查

四、加强质量控制

开展全过程质量管理，保障普查数据准确性。组建由10多名专家组成的质量控制专家组，对宁夏、江苏、福建等20个省份开展质量控制指导。在海南、广东、广西3省份的8个典型区域，利用遥感监测、无人机航拍等方式，核查水葫芦、大藻等外来入侵水生植物发生面积。同时加强面上调查、重点监测等数据管理，随机抽查了黑龙江、河北、湖南等省份提交的面上调查数据9 300条，以及重点调查点位监测数据5 000条。

专家在宁夏、江西等地开展质量控制现场指导

重点监测

一、重点水域遥感监测

2022年在湖北白莲河水库、洪湖，以及湖南浏阳河等12个省份的25处重点水域*开展遥感监

---

　*　25处重点监测水域分别为上海淀山湖、苏州河，江苏大纵湖，福建闽清水口，莆田木兰溪，厦门东西溪，江西萍水河，湖北白莲河水库、洪湖，湖南浏阳河、哑河、白芷湖，广东惠州东江、湛江九洲江，广西拉浪、钦江、八尺江，重庆琼江，贵州锦屏、白市水电站，云南宜良南盘江狗街镇河段、滇池，山东东营黄河三角洲，海南东方罗带河、南木水库。

测，全年入侵暴发点255处，阻塞河段58千米，暴发面积12平方千米。在25处重点水域中，上海淀山湖、苏州河，江苏大纵湖，福建莆田木兰溪，厦门东西溪，江西萍水河，湖北白莲河水库、洪湖，湖南浏阳河，广东惠州东江、湛江九洲江，广西拉浪、钦江、八尺江，重庆琼江，贵州锦屏、白市水电站，云南宜良南盘江狗街镇河段、滇池等地治理成效显著。

水葫芦、薇甘菊无人机正射影像

水葫芦遥感监测实地验证

二、网络舆情监测

2022年全年发布舆情监测周报52期，监测对象物种为《重点管理外来入侵物种名录》中物种及草地贪夜蛾、沙漠蝗、印加孔雀草等近年来新发物种，监测范围为互联网网媒、微信、微博、论坛、博客、视频、报刊、App等平台，监测舆情传播总量约500万篇。监测发现，舆情基本以中性为主，约占60%，正面舆情约占30%，负面舆情约占10%。网民高度关注草地贪夜蛾、黄脊竹蝗、非洲大蜗牛、牛蛙、福寿螺、加拿大一枝黄花、巴西龟、鳄雀鳝等物种。其中，草地贪夜蛾舆情传播量最高，约占8%。

外来入侵物种网络舆情监测周报

灭除防控

　　针对加拿大一枝黄花、福寿螺，分别在湖北、江西举办全国集中灭除活动2次，组织8所科研单位建立外来入侵物种综合研究示范基地，制定了福寿螺防控技术方案和加拿大一枝黄花、薇甘菊、紫茎泽兰、飞机草等外来入侵物种秋冬季防控技术指南等，开展重大危害外来入侵物种扩散风险与防控对策研究，牵头成立了重大外来入侵物种防控科技支撑团队，分类别、分物种进行技术支撑，积极贯彻落实"一种一策、精准治理"的防控要求。

人工摘除福寿螺卵块和捡拾成螺

机械化铲除加拿大一枝黄花

科普宣传

在《朝闻天下》《人民日报》《农民日报》等媒体，宣传外来入侵物种防控相关工作。组织开展全国性培训2次，行业专家分别就农业外来入侵物种面上调查和重点调查技术规范详细讲解，各省、自治区、直辖市、计划单列市和新疆生产建设兵团的2万多名普查管理人员、技术人员和专家参加了培训。组织9位行业专家录制《农业外来入侵物种普查操作示范》培训课件，印发各地方农业外来入侵物种管理部门。

CCTV 17 农业科技大讲堂

农业面源污染防治

基本情况

《2022年中国生态环境公报》显示，2022年，在全国地表水监测的3 629个国控断面中，Ⅰ～Ⅲ类水质断面占87.9%，劣Ⅴ类水质断面占0.7%，主要污染指标为化学需氧量、高锰酸盐指数和总磷。在全国监测的1 890个国家地下水环境质量考核点位中，Ⅰ～Ⅳ类水质点位占77.6%，Ⅴ类占22.4%，主要超标指标为铁、硫酸盐和氯化物。在内陆渔业水域中，江河重要渔业水域主要超标指标为总氮，湖泊（水库）重要渔业水域主要超标指标为总氮和总磷，39个国家级水产种质资源保护区中主要超标指标为总氮。在农田灌溉水中，灌溉规模达到10万亩及以上的农田灌区监测的1 765个灌溉用水断面（单位），1 635个断面（点位）达标，占92.6%，主要超标指标为悬浮物、粪大肠菌群和pH。

制度建设

2022年1月，推动长江经济带发展领导小组办公室印发《"十四五"长江经济带农业面源污染综合治理实施方案》，提出到2025年建成一批农业面源污染综合治理项目县，全面带动长江经济带农业面源污染综合防治，长江经济带化肥农药利用率提高到43%以上，畜禽粪污综合利用率提高到80%以上，农作物秸秆综合利用率稳定在86%以上，农膜回收率达到85%以上。

2022年1月，生态环境部、农业农村部、住房和城乡建设部、水利部、国家乡村振兴局联合印发《农业农村污染治理攻坚战行动方案（2021—2025年）》，以精准治污、科学治污、依法治污为主要原则，将农村生活污水垃圾治理、黑臭水体整治、化肥农药减量增效、农膜回收利用、养殖污染防治等作为重点领域，以京津冀、长江经济带、粤港澳大湾区、黄河流域等为重点区域，强化源头减量、资源利用、减污降碳和生态修复，持续推进农村人居环境整治提升和农业面源污染防治。

2022年5月，国务院办公厅印发《新污染物治理行动方案》。以源头管控—过程控制—末端治理的思路，提出到2025年，完成高关注、高产（用）量的化学物质环境风险筛查，完成一批化学物质环境风险评估，对重点管控新污染物实施禁止、限制、限排等环境风险管控措施；健全新污染物治理体系。

2022年8月，生态环境部、农业农村部等12部门印发《黄河生态保护治理攻坚战行动方案》，提出加强农业面源污染防治，推进农业面源污染综合治理项目县建设。对重点地区开展农业面源污染调查监测、负荷评估和氮磷来源解析工作，推进测土配方施肥、有机肥替代化肥，合理调整施肥结构。以上中游为重点，大力推广标准地膜应用，推进废旧农膜、农药包装废弃物等回收利用处置，建立健全农田地膜残留监测点，开展常态化监测评估。

2022年8月，生态环境部、农业农村部等17部门印发《深入打好长江保护修复攻坚战行动方案》，提出推进化肥农药减量增效，开展农业面源污染监测，推广应用生物防治等绿色防控技术。开展农业面源污染治理与监督指导试点，探索构建农业面源污染调查监测评估体系。聚焦持续深化水环境综合治理、深入推进水生态系统修复、着力提升水资源保障程度、加快形成绿色发展管控格局四大攻坚任务，提出了深入推进农业绿色发展和农村污染治理等28项具体工作。

2022年11月，农业农村部印发《到2025年化肥减量化行动方案》《到2025年化学农药减量化行动方案》。《到2025年化肥减量化行动方案》提出"一减三提"目标，即进一步减少农用化肥施用总量、进一步提高有机肥资源还田量、测土配方施肥覆盖率、化肥利用率。《到2025年化学农药减量化行动方案》提出，到2025年，建立健全环境友好、生态包容的农作物病虫害综合防控技术体系，农药使用品种结构更加合理，科学安全用药技术水平全面提升，力争化学农药使用总量保持持续下降势头。

此外，安徽、湖南等省围绕重点流域分别出台了《安徽省"十四五"农业面源污染综合治理行动方案》《巢湖流域农田面源污染防控技术指南》《湖南省"十四五"长江经济带农业面源污染综合治理实施方案》等文件，推动地方面源污染治理工作。

例行监测

2022年，农业农村部继续组织开展农业面源污染例行监测，持续做好241个农田氮磷流失国控监测、2万个典型地块调查工作，完善在线填报数据分析平台，通过线上培训交流、线下实地指导等方式，对地方开展技术指导，加强数据质量控制，形成《2021年度农田氮磷流失监测报告》，系统分析我国不同区域、不同种植模式的农田氮磷流失状况和变化规律。

例行监测

江苏、浙江、江西、湖北、湖南、广东、云南、宁夏等省份依托第二次全国污染源普查、农业农村部和生态环境部相关试点项目、省市级资金等，以环保站、相关科研院所、企业等单位为技术支撑，开展重点流域农业面源污染监测试点，积极探索建立流域尺度监测体系。

重点流域农业面源污染综合治理

2021—2022年度长江经济带和黄河流域农业面源污染综合治理项目安排中央预算内投资29.36亿元，地方配套资金和自筹资金30.57亿元，支持长江经济带中西部和黄河流域12个省份67个县开展项目建设。

2022年，农业农村部开展重点流域农业面源污染综合治理项目督导，赴山西、湖北、湖南、云南、陕西、宁夏6个省（自治区）12个县，调研农业面源污染治理工作进展和项目执行进度，现场查看项目建设情况，查阅项目管理台账。

重点流域农业面源污染综合治理专家指导组（以下简称"专家指导组"）印发《专家指导组工作方案》，明确提出推进科学监测、系统研究、技术应用、地方指导、项目现高质量建设等"五个推进"，为高质量推动重点流域农业面源污染综合治理提供技术支撑。

重点流域农业面源污染综合治理专家指导组工作方案

专家指导组印发《长江经济带农业面源污染综合治理技术指导意见》，提出稳产保供和生态保护协同、污染治理与绿色发展融合、突出重点与系统治理兼顾、技术应用与机制创设结合四项基本原则，要求立足区域特点和农业面源污染特征，协同推进种植业、畜禽水产养殖业污染防治，集成配套关键技术与治理工程，促进农业绿色发展。

长江经济带面源污染综合治理技术指导意见

各地积极推进农业面源污染治理工作。重庆市推进第二轮中央生态环境保护督察涉农问题整改，加强丰都、巫山、石柱、彭水4个长江经济带农业面源污染治理项目督促指导。甘肃省印发《甘肃省农业农村厅关于切实加强黄河流域农业面源污染治理项目监管和推进实施的通知》，对全面加强项目监管、加快项目推进实施等作出明确要求，并建立线上线下同步调度机制，组织开展调度14轮次。

培训交流与技术推广

一、培训交流

2022年9月，生态总站举办农业面源污染综合治理技术培训班。邀请专家围绕农业面源污染综合治理相关政策、治理关键技术与典型模式、项目实施管理等内容进行了专题讲解。生态总站站长、重点流域农业面源污染综合治理专家指导组组长严东权出席开班式并讲话。来自长江经济带中西部8个省份和黄河流域8个省份的农业环保部门相关负责同志，所辖部分县农业农村部门管理和技术人员，以及从事农业面源污染综合治理技术支撑的企事业单位代表共计200余人通过线上平台参加培训。

农业面源污染综合治理技术培训班

二、典型引领

2022年，在全国征集一批农业面源污染综合治理关键技术和典型模式的基础上，综合考虑各地气候地形特点、农业生产状况、农业源污染排放情况等因素，重点聚焦长江、黄河流域，牵头组织专家和地方农业农村部门研究遴选，提出南方平原水网区、南方山地丘陵区、华北平原区、西北干旱半干旱区四大区域综合治理路径，形成适合不同区域的134项种植业源、畜禽养殖业源、水产养殖业源污染防控关键技术和23项农业面源污染综合治理典型模式，关键技术与典型模式在全国首届生态环境建设论坛上发布，指导各地深入推进治理工作。

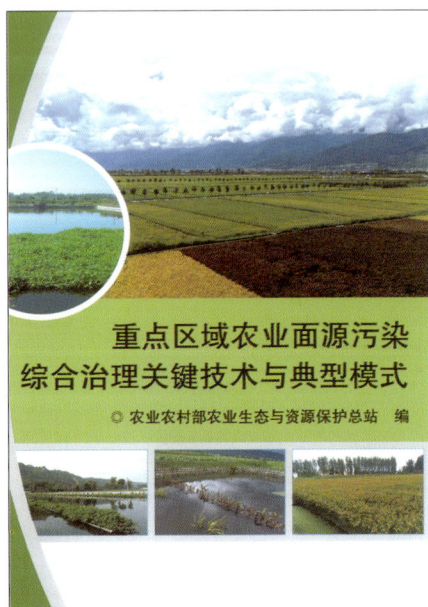

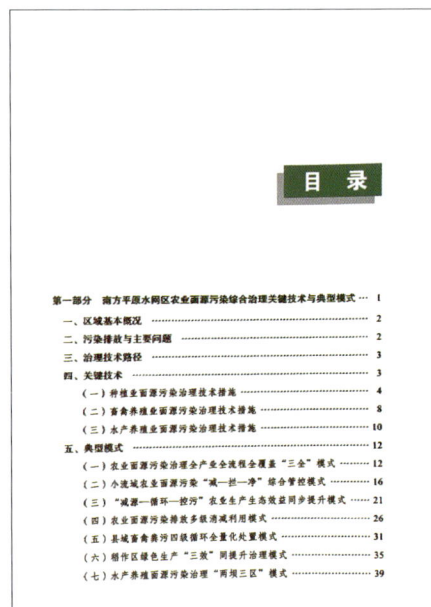

重点区域农业面源污染综合治理关键技术与典型模式

2022年，遴选浙江、江苏、湖北、江西4省，与省农业农村部门共同研究、凝练总结，围绕改革赋能、全域治理、产业打造、模式创新等，形成4省面源污染治理典型做法与先进模式材料，获张桃林副部长肯定性批示，在《农业农村情况交流》印发供各地参考交流，发挥典型引路作用。

农膜科学使用回收

基本情况

2022年，全国农膜使用量235.8万吨，其中地膜使用量132万吨，地膜覆盖面积达到2.59亿亩，主要集中在西北、华北、西南三大片区，其中新疆、山东、内蒙古、甘肃、四川、云南等省份，农膜使用量均在10万吨以上，干旱、半干旱地区地膜用量明显高于其他区域。使用地膜覆盖农田都会造成不同程度的残留污染，呈现明显的区域差异性。经过持续努力，地膜使用量已连续3年实现负增长，全国农膜回收率稳定在80%以上。

制度建设

2022年3月2日，农业农村部办公厅、财政部办公厅联合印发《关于开展地膜科学使用回收试点工作的通知》，组织开展地膜科学使用回收试点工作，聚焦重点用膜地区，重点支持推广加厚高强度地膜和全生物降解地膜，加快构架地膜污染治理长效机制，提高地膜科学使用回收水平。并率先在河北、内蒙古、辽宁、山东、河南、四川、云南、甘肃、新疆9个重点用膜省（自治区）和新疆生产建设兵团、北大荒农垦集团有限公司，选择地膜用量大、工作基础好、主体积极性高的县进行试点，支持推广加厚高强度地膜5 000万亩、全生物降解地膜500万亩。

2022年3月21日，农业农村部发布了农资打假为民办实事10项举措，包括联合开展农膜监管执法行动，提出要会同市场监管、工业和信息化等部门加强农膜法律法规和政策标准宣贯，开展产品质量抽查，适时公布一批违法违规典型案例，严禁非标农膜入市下田，推动农膜科学使用回收。

监测评价

2022年，农业农村部科技教育司继续组织开展全国农田地膜残留监测工作，在30个省500个农田地膜残留国控监测点开展残留监测分析，在5 000个农户或专业合作社开展地膜使用与回收情况调查。同时，对2021年度监测数据进行审核、整理、汇总和分析，编写形成《2021年度全国农田地膜覆盖及残留情况监测报告》，为全国农田地膜污染防治工作提供数据支撑。

生态总站持续推动在甘肃、山东等14个重点用膜省份开展全生物降解地膜评价应用，重点对各类型全生物降解地膜产品适用性、可控性和安全性开展验证评价，组织召开评价应用工作交流会，总结工作进展与试验成果，完善评价应用技术措施，推动产品改进和性能提高。辽宁、新疆、河北等地在多年评价试验基础上，遴选发布了一批区域适宜性产品推荐名录，明确区域适宜产品的规格参数、适用范围、使用要点等，为大范围科学推广应用夯实基础。

培训宣传与技术推广

一、培训宣传

2022年3月4日，农业农村部科技教育司在北京组织召开地膜科学使用回收试点工作部署会。要求重点抓好科学推广加厚高强度地膜、有序推广全生物降解地膜、加强地膜科学使用、健全废旧地膜回收利用体系、强化科技支撑5项任务，全面加强组织领导，加快推进任务面积分解落地，切实做好全程技术指导服务，提高农户科学使用和回收地膜的意识，营造全社会共同参与的良好氛围。9个试点省及新疆生产建设兵团农业农村部门、北大荒农垦集团有限公司的代表进行了交流发言。

地膜科学使用回收试点工作部署会

2022年6月16日，生态总站组织举办地膜科学使用回收试点技术培训班，各试点省、市、县相关管理人员和技术人员共计4 000余人参训，邀请有关专家围绕政策法规宣贯、加厚高强度地膜使用回收、全生物降解地膜评价应用等进行专题授课，交流地方典型经验做法，为各地科学推进试点提供有力保障。

地膜科学使用回收试点技术培训班

二、技术推广

2022年，为加快推动地膜科学使用回收试点工作，农业农村部科技教育司组织建立地膜科学使用回收试点工作专家指导组，建立由院士领衔，地膜原料改性、覆盖使用、回收利用、绿色替代等各领域专家组成的试点工作专家指导组，制订专家指导组工作方案，明确科技攻关、政策研究、监测调查、指导服务、技术集成应用等重点任务，切实强化对试点工作的支撑作用。生态总站牵头组织制定《地膜科学使用回收试点技术指导意见》，明确产品指标要求，细化实化技术要点，指导试点省科学选膜、合理覆膜、及时有效回收。

为加强地膜使用回收科技研发与技术创新，生态总站与中国农业科学院环境与可持续发展研究所、石河子大学、山东农业大学等单位，在华北、西北、华东等地区共建7个地膜科学使用回收研究基地，联合开展科技攻关、产品技术评价、模式总结凝练，形成农用地膜污染防治十大模式，着力解决技术难点、突破产品堵点，提高地膜使用回收技术、产品和设施装备的质量水平。

能量替代方面	·北方地区地膜使用源头减量模式 ·全生物降解地膜应用模式
有效回收方面	·西北地区棉花玉米地膜机械化回收模式 ·地下茎果类作物地膜机械化回收模式 ·区域农田废旧地膜有效回收模式
加工利用方面	·废旧地膜再生造粒循环利用模式 ·废旧地膜高值化利用模式
机制创设方面	·废旧地膜分类回收处理模式 ·地膜生产者责任延伸治理模式 ·区域补偿制度促地膜回收模式

农用地膜污染防治十大模式

农产品产地环境管理

基本情况

2022年，全国耕地总面积19.14亿亩，较2021年底净增约130万亩，连续两年净增。全国土壤环境风险得到基本管控，土壤污染加重趋势得到有效遏制，受污染耕地安全利用率保持在90%以上，耕地土壤环境状况总体稳定。

制度建设

2022年1月29日，国务院印发了《关于开展第三次全国土壤普查的通知》（国发〔2022〕4号），通知明确，普查时间为2022—2025年。2022年完成普查技术、规范、物资等准备，开展全国性试点；2023—2024年全面铺开普查，并形成阶段性成果；2025年开展普查数据审核、成果汇总、验收与总结，全面完成普查任务。

2022年3月17日，农业农村部会同生态环境部印发《关于分解落实2022—2025年受污染耕地安全利用任务的函》，部署各省（自治区、直辖市）年度任务目标。加强相关文件解读和技术指导，推动广西、贵州、湖南等重点省份制订年度工作方案，将任务分解到县。

安徽省印发《安徽省2022年度受污染耕地安全利用工作计划的通知》《关于分解落实2022—2025年受污染耕地安全利用任务的函》《2022年耕地土壤改良与安全利用集中推进示范基地建设实施方案的通知》，持续推进耕地土壤污染防治。

北京市先后出台了《北京市高标准农田建设规划（2021—2030年）》《北京市新增耕地验收工作流程及技术规范（试行）》《关于建立"田长制＋公安"协同工作机制的意见》《关于印发〈北京市2022年耕地分类管理工作计划〉的通知》《关于印发〈北京市"十四五"受污染耕地安全利用方案〉的通知》《关于做好2022年北京市耕地环境质量监测工作的通知》等文件，协同推进耕地质量提升和环境保护工作。

河南省制订了《河南省"十四五"受污染耕地安全利用方案》《河南省2022年耕地土壤污染防治工作方案》《2022年河南省耕地土壤污染预警监测工作实施方案》等文件，召开全省耕地土壤污染防治工作会，全省安全利用类耕地全部实施安全利用，严格管控类耕地全部落实严格管控，受污染耕地安全利用率持续保持100%。

山东省印发《关于分解落实2022—2025年受污染耕地安全利用任务的函》，紧盯"一个目标"，落实"两个全面覆盖"，强化"三项保障措施"。

江苏省制定了《受污染耕地安全利用与治理修复技术指南》（DB32/T 4231—2022），规范全省受污染耕地精准、高效安全利用的技术流程和技术要求。以降低农产品超标风险为核心目标，因地制宜分类、分区、分级，科学采用低积累品种替代、石灰调节、优化施肥、叶面阻控等安全利用措施，2022年全省受污染耕地安全利用率达93%以上。

产地监测

2022年，农业农村部共布设国控监测点5 783个，其中普通循环监测点2 783个，开展土壤重金属、基本理化性质以及农产品质量协同监测，共17项指标；耕地地力监测点2 640个，在普通循环监测点基础上增测21项耕地地力指标；农药残留监测点360个，在耕地地力监测点基础上，分作物增测7~15项农药指标。

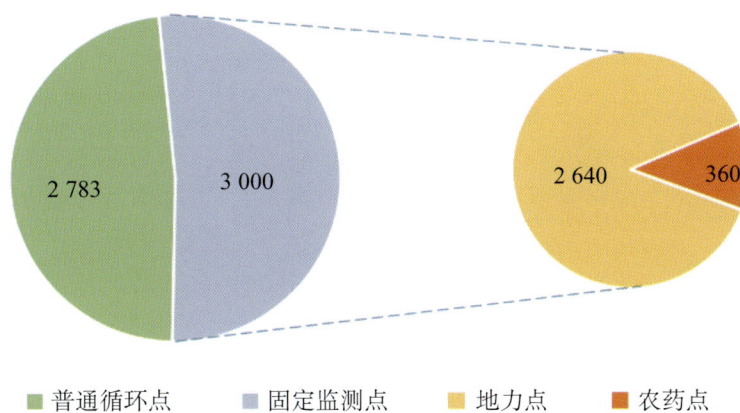

2022年全国监测点位类型（共5 783个）

组织开展年度国控监测工作培训，明确监测工作要求，强化采样、制备、检测、分析和信息系统应用技术指导。编写并印发了监测工作各环节标准化作业程序（SOP）。

完善全时空、全场景、全过程、全解析、全价值的农产品产地土壤环境数据平台系统，强化从数据存储、数据清洗管理到信息发布、应用的完整业务流程，实现集成展示、智能分析、研判预警等功能，显著提升和扩展土壤环境大数据的行业支撑能力。

农产品产地土壤环境大数据平台

青岛市编织产地环境监测"一张网"，为"治土"寻良方。争取财政资金支持开展产地环境监测，编制1套产地环境监测技术报告和质控报告；召开1次受污染耕地安全利用技术培训会，形成1套适合青岛地区的农田安全利用技术模式，为创建全国土壤污染防治先行区积累基础数据，提供技术支撑。重庆市争取市级财政资金680余万元，在国家土壤环境监测网农产品产地土壤环境监测的基础上，启动实施了全市农产品产地土壤环境质量市控例行监测工作，科学布设市控例行监测点2 547个，开展长期定位土壤和农产品协同监测。2022年共完成农产品样品采集2 586个，预计产生检测指标20 688项，为全市农产品产地土壤安全利用提供了有力支撑。河南省初步构建耕地土壤污染防治预警监测体系，预警监测平台已处于试运行阶段。

培训交流与技术推广

一、培训交流

第二届黑土地保护利用国际论坛暨第八届梨树黑土论坛在吉林长春开幕，农业农村部副部长马有祥出席并致辞。本届论坛以"健康土壤与粮食安全"为主题，12个国家和国际组织驻华代表，280多名来自世界主要黑土国家代表、国内外土壤学界知名专家等线上线下参会，就黑土地退化阻控及健康管理、黑土地智慧农业等进行了深入研讨。

第二届黑土地保护利用国际论坛暨第八届梨树黑土论坛

海南省农业生态与资源保护总站组织举办海南省2022年受污染耕地安全利用技术培训班。通报了2021年受污染耕地安全利用工作情况以及土壤、农产品协同监测情况；讲解了稻田土壤砷形态转化机制及其调控技术、介绍了超稳矿化材料及重金属污染土壤修复技术、解读了2022年受污染耕地安全利用实施方案编制要点、介绍了受污染耕地安全利用技术等方面内容。

海南省2022年受污染耕地安全利用技术培训班

2022年，江苏省农业农村厅组织召开农用地土壤污染防治相关培训5次。9月，召开江苏省耕地安全利用推进区（示范基地）建设项目现场推进会，邀请专家学者对示范基地安全利用工作进行技术指导。通过多部门联合攻关、建立基地核心区、筛选低积累品种、发展快速鉴定技术、研发绿色土壤调理产品、探索作物移除修复技术和开发专项程序软件等方式，江苏省受污染耕地安全利用示范基地建设取得阶段性成效。

江苏省耕地安全利用推进区（常熟示范基地）建设项目现场推进会

2022年，河南省农业农村厅积极开展技术培训工作，5月采用线上会议对市、县两级技术人员进行培训，8月分南、北片区进行线下技术培训，并通过微信群、QQ群以及电话等方式加强沟通，随时解决技术难题，有力提升了基层工作人员技术水平。

河南省耕地土壤污染防治预警监测技术培训会议

二、技术推广

生态总站组织召开了受污染耕地安全利用工作推进会，总结受污染耕地安全利用工作进展，分析当前存在的问题，研究部署下一步重点工作。会议采取线上线下相结合的方式进行，各省（自治区、直辖市）农业农村（农牧）厅（局、委）、新疆生产建设兵团农业农村局相关处（站）负责同志以及有关专家参加会议。

2022 年，农业农村部积极推进耕地重金属污染防治联合攻关，在农业农村部科技教育司和骆永明首席科学家的统筹指导下，生态总站会同 6 个攻关组，不断加大攻关力度，着力突破区域要用、政府急用和农民能用的技术瓶颈，"一域一策"探索受污染耕地安全利用精准解决方案。

一是统筹布局建设联合攻关基地。将标准化试验基地作为成果落地的重要载体，已在全国建设20 个联合攻关基地，覆盖西南、华南、华东、华中、华北、东北等区域典型耕地土壤，以及水稻、小麦、玉米、蔬菜等重点作物类型。

耕地重金属污染防治联合攻关基地

区域定位	作物类型	基地位置
西南（3个）	水稻	云南云龙
		贵州开阳
		四川什邡
华南（3个）	水稻	广东曲江
		广西宾阳
		广西都安
华中及华东（6个）	水稻	湖南湘潭
		湖南长沙
		湖南衡阳
		湖北大冶
		浙江台州
		江西九江
东北（1个）	水稻，小麦	辽宁沈阳
华北（1个）	小麦	河南新乡
北方（1个）	蔬菜	河北青县
南方（4个）	蔬菜	江苏南京
		浙江桐庐
	水稻、小麦	江苏常熟
		江苏新沂
西部（1个）	玉米、小麦	甘肃白银

二是分类筛选镉低积累水稻品种与治理修复产品。经过3年的多季多地试验，联合攻关组从134个低镉水稻品种和109个治理修复产品中，筛选出31个较为稳定的镉低积累作物品种与20个较为长效的治理修复产品，形成了推荐目录。

耕地重金属污染防治联合攻关基地

三是加强治理修复新技术新模式研究。除传统受污染耕地安全利用技术模式外，还开展了耕地重金属减量净化修复、水稻关键生育期大气沉降重金属预警等新技术新模式研究。在相关试验示范基础上，联合攻关组总结梳理了近年来耕地污染防治工作中新出现的环境友好型治理技术，形成了十大耕地重金属污染防治新技术新模式。

农村可再生能源建设

基本情况

一、农村沼气

2022年全国沼气用户1 517.80万户，实际利用455.84万户，各类沼气工程75 115处，沼气工程总池容2 549万立方米。其中，大型沼气工程（含生物天然气工程）6 634处，总池容1 324万立方米；农村沼气供气户数总量80.89万户，发电装机容量34.89万千瓦时。

2020—2022年全国农村沼气发展情况（年末累计）

年份	户用沼气（万户）	沼气工程（处）	中小型（处）	大型（含特大型）
2020	3 007.71	93 481	86 086	7 395
2021	2 309.54	93 140	86 049	7 091
2022	1 517.80	75 115	68 481	6 634

二、秸秆能源化利用

2022年，燃料领域使用秸秆6 200万吨，占比9.37%；秸秆热解气化工程155处；秸秆固化成型工程2 426处，年产量1 407万吨；秸秆炭化工程75处，年产量30万吨。北方农村秸秆打捆直燃清洁供暖点达到309处，供暖面积1 400多万平方米。

2020—2022年全国秸秆利用工程情况（年末累计）

年份	秸秆热解气化集中供气（处）	秸秆固化成型（处）	秸秆炭化（处）
2020	183	2 664	102
2021	175	2 731	79
2022	155	2 426	75

三、太阳能

2022年，全国太阳房34万多处，太阳能热水器4 301万台，太阳灶80多万台；全国8.3万座村级光伏帮扶电站年发电177.66亿千瓦时，发电收入总额132.41亿元，累计带动设立脱贫人口公益性岗位94.24万个。

2020—2022年全国太阳能开发利用情况

年份	太阳房		太阳灶	太阳能热水器	
	数量（处）	面积（万平方米）	数量（台）	数量（万台）	面积（万平方米）
2020	228 134	1 822.30	1 706 244	4 676.34	8 420.75
2021	313 157	1 930.27	1 334 070	4 439.07	8 084.08
2022	341 909	1 397.08	801 825	4 301.96	7 791.83

制度建设

2022年1月30日，国家发展改革委、国家能源局印发《关于完善能源绿色低碳转型体制机制和政策措施的意见》，提出在农村地区优先支持屋顶分布式光伏发电以及沼气发电等生物质能发电接入电网，鼓励利用农村地区适宜分散开发风电、光伏发电的土地，鼓励农村集体经济组织依法以土地使用权入股、联营等方式与专业化企业共同投资经营可再生能源发电项目，鼓励金融机构按照市场化、法治化原则为可再生能源发电项目提供融资支持，完善规模化沼气、生物天然气、成型燃料等生物质能和地热能开发利用扶持政策和保障机制。

2022年5月7日，农业农村部、国家发展改革委联合印发《农业农村减排固碳实施方案》，部署可再生能源替代重点任务和重大行动。在重点任务中，提出要因地制宜推广应用生物质能、太阳能、风能、地热能等绿色用能模式，推动农村取暖炊事、农业生产加工等用能侧可再生能源替代。在重大行动中，提出要以清洁低碳转型为重点，因地制宜发展农村沼气，推广生物质成型燃料、打捆直燃、热解炭气联产等技术，推广太阳能热水器、太阳能灯、太阳房。

2022年5月14日，国务院办公厅转发国家发展改革委、国家能源局《关于促进新时代新能源高质量发展的实施方案》，提出促进新能源开发利用与乡村振兴融合发展，鼓励地方政府加大力度支持农民利用自有建筑屋顶建设户用光伏，积极推进乡村分散式风电开发，鼓励金融机构为农民投资新能源项目提供创新产品和服务；助力农村人居环境整治提升，因地制宜推动生物质能、地热能、太阳能供暖，促进农村清洁取暖、农业清洁生产，深入推进秸秆综合利用和畜禽粪污资源化利用。

2022年6月10日，生态环境部与农业农村部等7部门联合印发《减污降碳协同增效实施方案》，聚焦6个主要方面提出任务举措。一是加强源头防控，包括强化生态环境分区管控，加强生态环境准入管理，推动能源绿色低碳转型，加快形成绿色生活方式等。二是突出重点领域，围绕工业、交通运输、城乡建设、农业、生态建设等领域推动减污降碳协同增效。三是优化环境治理，推进大气、水、土壤、固体废物污染防治与温室气体协同控制。四是开展模式创新，在区域、城市、产业园区、企业层面组织实施减污降碳协同创新试点。五是强化支撑保障，重点加强技术研发应用，完善法规标准，加强协同管理，强化经济政策，提升基础能力。六是加强组织实施，包括加强组织领导、宣传教育、国际合作、考核督察等。

农村沼气安全生产管理

一、组织开展现场调研检查

生态总站组织专家前往云南、河南、贵州、广西、江西、湖北等省份，就沼气设施安全生产情况进行调研检查，了解各地农村沼气安全生产进展情况和存在的问题，研究下一步工作措施与建议，形成专题调研报告。

农村沼气安全现场调研检查

二、组织开展沼气设施安全隐患大排查

农业农村部办公厅文印发《关于开展农村地区畜禽粪污贮存池、沼气设施等安全隐患排查整治的通知》，召开专门会议对排查整治进行安排部署，组织各省农村能源管理部门开展为期2个月的专项排查整治工作，累计排查行政村18.33万个、农村沼气设施585.52万处，发现存在安全隐患的沼气设施94.28万处，完成整改63.22万处。

农村沼气设施安全隐患排查整治相关文件与工作推进会

三、建立沼气设施台账

设计户用沼气和沼气工程台账数据信息库，协助开发"农村沼气设施安全隐患排查"微信小程序，实时指导各地做好填报工作，进一步摸清家底。截至2022年底，共填报312.29万处户用沼气池和2.84万处沼气工程数据信息。

农村沼气设施安全隐患排查小程序

四、成立农业农村部沼气安全生产专家指导组

成立由生态总站李惠斌总农艺师担任组长，沼气工程技术研究、应急管理、风险评估等领域15位专家任成员的农业农村部沼气安全生产专家指导组，指导沼气安全生产决策咨询、宣传培训等工作。

五、组织首次全国大型沼气工程安全事故应急演练

在宁夏进行大型沼气工程沼气泄漏事件演练，应急模拟专家分析研判、沼气浓度检测、切断电源、关闭沼气管道阀门、布设强制排风、警戒疏散、施救被困人员、沼气稀释驱散、医疗救护、环境土壤监测等环节，为突发事故处置积累经验，提升规模化沼气工程安全生产事故应急响应和应急处置能力。

农业农村部科技教育司

农科（能生）函〔2022〕5号

关于成立农业农村部农村沼气安全生产专家指导组的通知

各省、自治区、直辖市及计划单列市农业农村（农牧）厅（局、委），新疆生产建设兵团农业农村局，北大荒农垦集团有限公司，广东省农垦总局，有关单位：

为深入贯彻落实中央领导关于农村沼气安全生产有关指示批示精神，加强农村沼气安全生产科技支撑，经研究，决定成立农业农村部农村沼气安全生产专家指导组（以下简称"专家组"）。现将有关事宜通知如下。

一、人员组成

专家组成员由多年从事农村沼气安全技术相关领域技术研究、推广应用和行业管理的专家组成（人员名单见附件），设组长1名，副组长3名，下设秘书处。

专家组成员实行聘任制，聘期4年（2022—2025年）。聘期内可根据工作需要适时进行人员调整。

成立农业农村部农村沼气安全生产专家指导组

全国大型沼气工程安全事故应急演练

六、加强农村沼气安全生产宣传培训

组织"安全生产月"活动，开展安全生产宣传培训，进一步强化底线意识，促进行业安全发展。分别在微观三农直播间讲解农村沼气安全使用知识、农视网举办"绿色能源　安全护航"——农业废弃物能源化利用技术及安全生产知识科普讲坛，在线观看人数达500多万人次。召开全国农村沼气安全技术标准宣贯活动，解读《沼气工程安全管理规范》《沼气工程火焰燃烧器》等标准，5 000多人现场参加活动。编制出版《农业有机废弃物能源化利用科普挂图》，宣传秸秆能源化、沼气工程、户用沼气技术及安全利用知识，先后发放12万张。

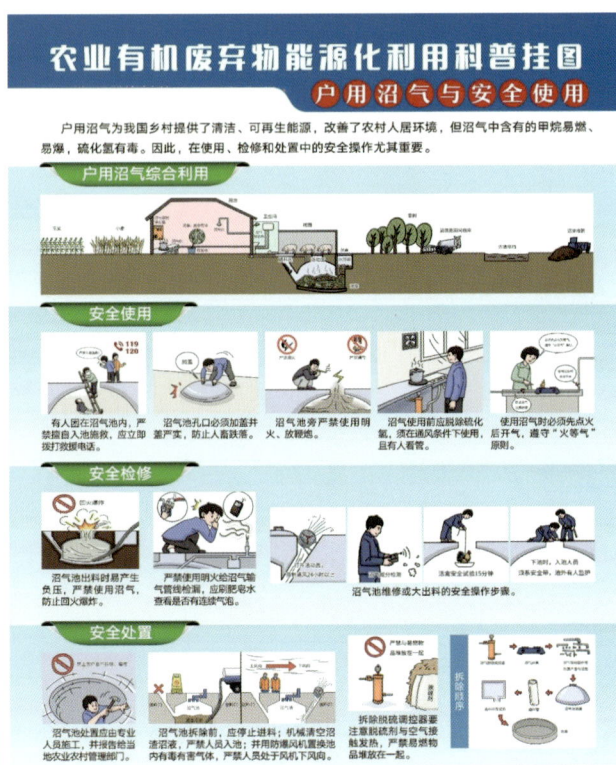

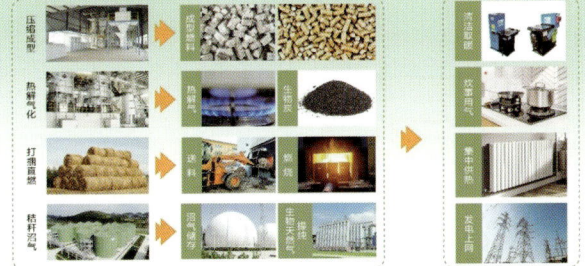

科普讲坛与科普挂图

农业农村减排固碳

一、做好国家方案解读和培训

在青铜峡市召开全国农村能源工作会，专门培训解读《农业农村减排固碳实施方案》，指导各省做好省级方案编制。指导地方开展相关工作，对四川、江西、浙江、宁夏、新疆等省区体系队伍进行专题培训。

《农业农村减排固碳实施方案》解读和培训

二、研究构建标准体系

生态总站系统梳理农业农村减排固碳标准化工作现状，分析存在的主要问题，研究提出了涵盖通用导则、监测方法及设备、碳排放与碳汇核算、减排固碳核算核查、低碳评价等内容的标准体系，列出了2023—2025年国家标准和行业标准立项计划表，为农业农村减排固碳标准体系建设提供了有力支撑。

三、研究提出技术创新需求清单

生态总站会同中国农业科学院"双碳"中心，围绕农业温室气体减排、农业固碳增汇、农村降碳、农业农村减排固碳监测核算、农业适应气候变化5个方向，研究提出《农业农村减排固碳技术创新需求清单》，并邀请相关院士专家论证完善后报送科技部。

四、开展农业农村减排固碳专题调研

围绕国内农业甲烷排放现状、减排成效、困难挑战、政策建议等开展专题调研；组织减排固碳领域专家赴内蒙古自治区开展二氧化碳捕捉利用情况调研，总结凝练捕捉工业二氧化碳用于设施农业提质增效、改善环境的良性互动机制；组织开展养殖场沼气工程和秸秆能源化利用减排潜力研究，实地调查养殖场沼气工程、秸秆能源化工程运行现状，抽样监测工程能耗，科学预测农村沼气减排固碳贡献和秸秆能源化利用减排固碳能力。

农业农村减排固碳专题调研

技术推广

一、积极推进秸秆能源化利用

依托秸秆综合利用项目，在全国打造10个秸秆能源化利用模式县。指导黑龙江、辽宁、河北等省份推广秸秆打捆直燃集中供暖模式、秸秆成型燃料集中供暖模式、秸秆成型燃料+清洁炉具分散取暖模式、秸秆粪污沼气生物天然气集中供气取暖模式，助力北方地区农村冬季清洁取暖。

二、出版《中国农村能源年鉴（2014—2021）》

全面总结8年来农村能源进展情况，系统梳理全国和各地农村能源建设大事记、农村能源建设进展情况与典型案例，以及农村能源领域的科技成果、质量标准、政策文件、统计资料，编撰形成《中国农村能源年鉴（2014—2021）》。

三、发布生物质能典型案例

2022年，生态总站面向全国征集遴选了15个沼气工程和秸秆能源化利用市场化产业化运营的典型案例，从政策创设、机制创新、模式创造等方面，总结了各地在生物质能利用工作中的做法成效，并在2022首届农业生态环境建设论坛上公开发布。

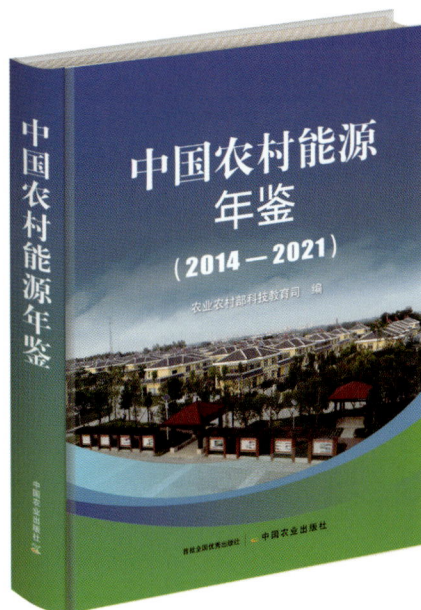

中国农村能源年鉴

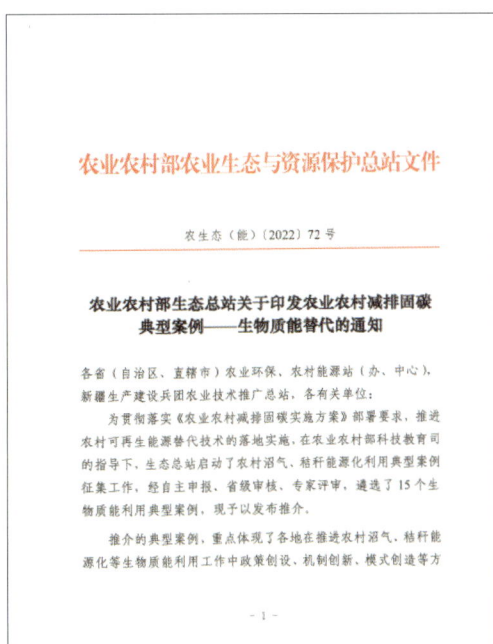

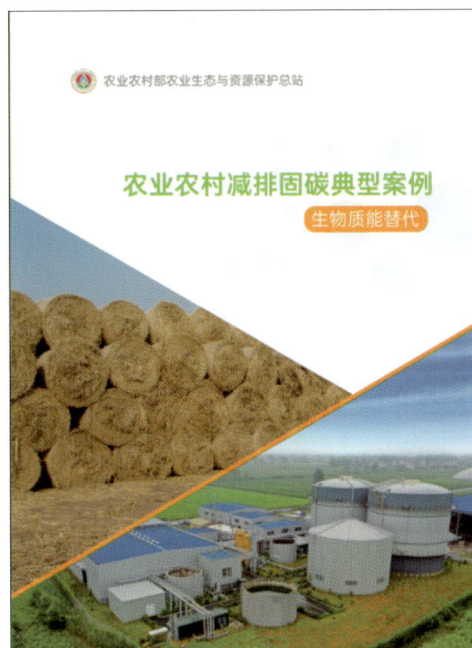

农业农村减排固碳典型案例——生物质能替代

沼气工程和秸秆能源化利用市场化产业化运营典型案例

序号	案例类型	项目名称
1	秸秆打捆直燃集中供暖典型案例	辽宁朝阳三江村秸秆打捆直燃集中供暖项目
2		山西长治上党区秸秆打捆直燃集中供暖项目
3	生物质成型燃料供暖典型案例	宁夏青铜峡生物质成型燃料清洁供暖项目
4		吉林省吉林市职教园区生物质集中供暖项目

（续）

序号	案例类型	项目名称
5	秸秆热解气化集中供暖典型案例	山西长治成家川村生物质气炭联产集中供热项目
6	养殖场沼气发电上网典型案例	江西新余养殖场沼气发电上网项目
7		河北武强奶牛场沼气发电上网项目
8	沼气工程集中供气典型案例	浙江瑞安绿野农庄生态消纳沼气项目
9		江苏睢宁太阳能沼气新村集中供气项目
10	生物天然气供气典型案例	安徽阜阳生物天然气并网供气项目
11		湖北宜城规模化生物天然气项目
12		山东滨州中裕生物天然气项目
13		安徽临泉规模化生物天然气项目
14		河南长垣规模化生物天然气项目
15		贵州茅台产业示范园生物天然气项目

标准工作

一、做好行业标准报批和审定工作

组织报批10项农业沼气行业标准，新颁布了《沼气工程安全生产监控技术规范》（NY/T 4172—2022）、《沼气工程技术参数试验方法》（NY/T 4173—2022）、《沼肥》（NY/T 2596—2022）、《沼气工程规模分类》（NY/T 667—2022）、《户用沼气池密封涂料》（NY/T 860—2022）5项行业标准。

二、履行沼气国际标委会秘书处职责

生态总站积极履行沼气国际标委会秘书处职责，完成ISO/TC 255标委会主席换届改选，制定ISO/TC 255的4个碳达峰碳中和国际标准提案，组织5个工作组的线上国际工作会议。

三、加大标准宣贯力度

通过官网专栏、线上会议、微信公众号等形式，对农业农村能源领域行业标准、国家标准和国际标准进行宣传推广。

生态循环农业建设

基本情况

2022年，印发《推进生态农场建设的指导意见》，提出到2025年，在全国建设1 000家国家级生态农场，带动各省建设10 000家地方生态农场，遴选培育一批现代高效生态农业市场主体，总结推广一批生态农业建设技术模式，探索构建一套生态农业发展扶持政策。全国建设国家级生态农场299家，其中种植型农场198家，养殖型农场28家，种养结合型农场73家；建设省级生态农场1 000余家。

制度建设

2022年9月22日，农业农村部办公厅、国家发展改革委办公厅、生态环境部办公厅、中国人民银行办公厅、中华全国供销合作总社办公厅联合印发《建设国家农业绿色发展先行区　促进农业现代化示范区全面绿色转型实施方案》，将生态农场建设作为国家绿色发展先行区和示范区的重要建设内容。

2022年1月28日，农业农村部印发《推进生态农场建设的指导意见》，提出到2025年，在全国建设1 000家国家级生态农场，带动各省建设10 000家地方生态农场，遴选培育一批现代高效生态农业市场主体，总结推广一批生态农业建设技术模式，探索构建一套生态农业发展扶持政策。

成立生态农场建设专家组

北京市加强规划制定，联合印发了《北京市"十四五"农业绿色发展规划》，明确了有关工作任务目标。印发《北京市推进生态农场建设实施方案》，2022年有6家农业园区被评为国家级生态农场，创建市级生态农场 39 家。推进绿色种养循环农业试点工作，完成粪肥还田 19.8 万亩。

生态农场建设

2022 年，生态总站与农业生态环境保护协会共同组织开展国家级生态农场评价工作，培育一批生态农业产业主体，总结推广一批生态农业建设技术模式，宣传推介一批绿色优质农产品，初步构建生态农业监测体系，积极探索生态农业扶持政策，提高农业质量效益和竞争力，让生态农场建设成为支撑农业绿色低碳发展的重要平台和有力抓手。

全国 30 个省、自治区、直辖市以及新疆生产建设兵团科教环能体系共收到 1 069 份国家级生态农场申报材料，经省级单位筛选后，通过线上系统推荐了 407 家主体。中国农业生态环境保护协会理事共推荐 12 家主体。经材料审查、专家打分、现场复核、综合评议等流程，授予 299 家主体 2022 年度国家级生态农场称号。

生态总站遴选出 21 家具有地域代表性的生态农场，制订监测方案，组织 17 个专家团队开展跟踪监测，收集了基本信息、收支情况、种植养殖物质投入、能源投入、废弃物处理、水土检测、产品检测等数据，形成年度监测报告。

宣传培训

2022 年，生态总站选出了 20 家有代表性的优秀农场，总结梳理这些主体的基本情况、主要做法和综合效益，并将其作为典型案例写入《中国生态农场发展研究报告》。生态农场建设工作引发社会各界讨论关注，获各类媒体主动报道。人民日报以《一家生态农场的绿色发展探索》为题，专版介绍句容市天王镇戴庄有机农业专业合作社。中央电视台《经济半小时》栏目"生态农场铺就振兴路"，对生态农场建设及江苏、浙江的典型农场进行介绍。

生态农场申报系统

中国生态农场发展研究报告

句容市天王镇戴庄生态农场专版宣传

截至2022年底，19个省（自治区、直辖市）按照《推进生态农场建设的指导意见》要求，参考评价通知与评价工作手册，制定发布省级生态农场建设方案或评价通知，共评价培育858家省级生态农场。

河南省农业农村厅文件

豫农文〔2022〕85 号

河南省农业农村厅
关于印发《河南省推进生态农场建设实施方案
（2022—2025 年）》的通知

各省辖市、济源示范区农业农村局（农委）：

现将《河南省推进生态农场建设实施方案（2022—2025
年）》印发给你们，请结合实际，认真抓好落实。

河南省农业农村厅
2022 年 3 月 21 日

—1—

陕西省农业农村厅办公室文件

陕农办发〔2022〕38 号

陕西省农业农村厅办公室
关于印发陕西省"十四五"生态农场创建
实施方案的通知

各市（区）农业农村局，各有关单位：

为加快推进全省生态农场建设，促进农业绿色低碳转型和高
质量发展，按照《农业农村部办公厅关于印发〈推进生态农场建
设的指导意见〉的通知》（农办科〔2022〕4 号）要求，我厅组
织制定了《陕西省"十四五"生态农场创建实施方案》，现印发
给你们，请结合实际认真抓好落实。

陕西省农业农村厅办公室
2022 年 3 月 25 日

—1—

陕西省农业农村厅办公室文件

陕农办发〔2022〕38 号

陕西省农业农村厅办公室
关于印发陕西省"十四五"生态农场创建
实施方案的通知

各市（区）农业农村局，各有关单位：

为加快推进全省生态农场建设，促进农业绿色低碳转型和高
质量发展，按照《农业农村部办公厅关于印发〈推进生态农场建
设的指导意见〉的通知》（农办科〔2022〕4 号）要求，我厅组
织制定了《陕西省"十四五"生态农场创建实施方案》，现印发
给你们，请结合实际认真抓好落实。

陕西省农业农村厅办公室
2022 年 3 月 25 日

—1—

附件 1

重庆市农业农村委员会电子公文

渝农发〔2022〕78 号

重庆市农业农村委员会关于印发
重庆市生态农场建设实施方案的通知

各区县（自治县）农业农村委，西部科学城重庆高新区改革发展
局，万盛经开区农林局：

《重庆市生态农场建设实施方案》已经市农业农村委 2022
年第 11 次主任办公会议审议通过，现印发给你们，请认真抓好
贯彻落实。

重庆市农业农村委员会
2022 年 6 月 15 日

—1—

各地推进生态农场建设的方案

秸秆综合利用

基本情况

2022年，全国农作物秸秆产生量8.65亿吨，可收集量7.31亿吨，利用量6.44亿吨，综合利用率达到88.1%。其中，秸秆肥料化、饲料化、燃料化、基料化、原料化利用率分别为57.6%、20.7%、8.3%、0.7%和0.8%。秸秆直接还田量3.8亿吨，离田利用量2.6亿吨，离田利用效能不断提升。

制度建设

2022年4月13日，农业农村部办公厅印发《关于做好2022年农作物秸秆综合利用工作的通知》（农办科〔2022〕12号），加强工作部署，全面实施秸秆综合利用行动，提出年度目标，建设300个秸秆综合利用重点县、600个秸秆综合利用展示基地，确保全国秸秆综合利用率稳定在86%以上。并组建了秸秆综合利用工作专班，确定了25项重点任务和33个预期成果，明确了每项任务具体内容、牵头人和进度安排。

2022年7月17日，生态总站牵头的《农作物秸秆产生和可收集系数测算技术导则》（NY/T 4157—2022）发布，规范了农作物秸秆产生和可收集系数的调查测定与计算。生态总站牵头的《农作物秸秆资源台账数据调查与核算技术规范》（NY/T 4158—2022）发布，规范了农作物秸秆资源台账的数据获取、核算和质量控制。

农业农村部秸秆综合利用专家指导组和农业农村部农业生态与资源保护总站，先后发布《2022年春耕期间东北地区秸秆还田指导意见》《2022年"三夏"黄淮海地区小麦秸秆科学还田指导意见》和《2022年秋收农作物秸秆科学还田指导意见》，指导各地加快田间秸秆处理进度，保障下茬作物播种，夯实全年粮食丰收基础。

2022年4月13日，农业农村部办公厅印发2022年秸秆综合利用专家指导组工作方案，围绕秸秆肥料化、饲料化、能源化、基料化、原料化进行持续跟踪，全方位、系统化梳理相关技术和产业基本情况和发展动态，集中优势力量开展科技攻关、集成示范和技术指导。

农作物秸秆资源台账子系统

农作物秸秆利用台账

2022年，全国农作物秸秆利用台账覆盖了2 954个县级单位、35.2万户抽样农户、3.7万家市场主体。数据包括每个县秸秆产生情况、利用去向、五料化利用量、还田利用比例、市场化利用和农户利用情况等。

秸秆还田生态效应监测

2022年，进一步完善监测技术规范，在长江中下游、华南、西北地区加密、增设监测点位，共布设了32个秸秆还田生态效应监测点。同时，组织秸秆综合利用重点县结合主要种植模式，开展秸秆还田效果监测与评价，并对区域主要农作物草谷比、可收集系数进行调查测算，为秸秆资源台账关键系数调查核算提供基础支撑。

秸秆综合利用重点县建设

2022年，农业农村部办公厅印发《关于做好2022年农作物秸秆综合利用工作的通知》（农办科〔2022〕12号），全面实施秸秆综合利用行动，提出建设300个秸秆综合利用重点县、600个秸秆综合利用展示基地的建设目标。全年围绕秸秆沃土、产业化利用、能源化利用、全量利用、与其他废弃物协同利用等进行创新实践，建设了秸秆综合利用模式县90个。组织各重点县选择基础条件好的田块、企业或主体，建设了1 358个秸秆综合利用展示基地，示范展示秸秆利用新技术、新成果，推广应用可操作、能落地的秸秆利用模式。对各地县域秸秆综合利用案例进行归类筛选，提炼形成了30个典型案例。

秸秆综合利用宣传培训

充分利用各种渠道，多角度、全方位展示各地秸秆综合利用做法成效，宣传推介亮点工作和典型经验模式。编印《农业农村科教动态（秸秆综合利用专刊）》11期，组织召开全国秸秆综合利用工作推进会、项目实施情况交流会，以及秸秆资源台账建设、监测技术培训活动。各地举办秸秆综合利用培训3 400多次，培训各类主体和技术人员24万人次。在中央和省级主流媒体报道200余次，利用微信公众号、短视频等新媒体发布信息6 064条，播放量超亿次。

秸秆综合利用宣传培训

农业绿色发展支撑体系推进

基本情况

2022年，我国农业绿色发展水平稳步提升，农业农村部遴选确定了49个国家农业绿色发展先行区，推介发布了51个农业绿色发展典型案例，农业绿色发展试验示范深入开展，农业发展方式加快全过程绿色转型，农业资源用养结合协调发展，农业产地环境保护成效明显，农村人居环境明显改善。国家重要农业资源台账制度建设初步实现业务化试运行，国家农业绿色发展长期固定观测试验站建设起步良好、取得明显成效。7月，经农业农村部办公厅批准，生态总站成立农业绿色发展评价中心，成为农业环能体系支撑农业绿色发展的专门力量。

政策制度

2022年3月，农业农村部印发《关于进一步加强黄河流域水生生物资源养护工作的通知》，确定了黄河流域水生生物资源养护工作的指导思想、主要原则、主要目标、重要举措和保障措施等，对"十四五"及今后一段时期黄河流域水生生物资源养护工作作出部署安排。

2022年3月9日，《高标准农田建设　通则》（GB/T 30600—2022）修订发布，增加了"绿色生态原则"，更改了农田防护与生态环境保护工程各部分建设内容的建设要求，为农田建设项目科学管理提供科学支撑。

2022年9月，生态环境部、农业农村部等17部门联合印发《深入打好长江保护修复攻坚战行动方案》，聚焦持续深化水环境综合治理、深入推进水生态系统修复、着力提升水资源保障程度、加快形成绿色发展管控格局四大攻坚任务，提出了深入推进长江入河排污口整治、全面实施10年禁渔等28项具体工作。

2022年9月，生态环境部、农业农村部等12部门联合印发《黄河生态保护治理攻坚战行动方案》，明确了黄河生态保护治理攻坚范围、基本原则、工作目标、主要任务，提出了黄河生态保护治理重点攻坚五大行动，其中，农业农村环境治理行动要求重点加强农业面源污染防治、强化养殖污染防治、加快农村人居环境整治提升、推进农用地安全利用等工作。

2022年9月22日，农业农村部、国家发展改革委等5部门联合发布《建设国家农业绿色发展先行区　促进农业现代化示范区全面绿色转型实施方案》，就农业资源保护利用、农业面源污染防治、农业生态保护修复和绿色低碳农业产业链打造等方面工作作出部署，以实现资源利用集约化、投入品减量化、废弃物资源化、产业模式生态化为目标，明确了加快应用农业资源节约集约技术、发展绿色社会化服务组织、支持农业生产"三品一标"、落实绿色生态导向的农业补贴政策、创新农业绿色信贷服务等18项重点任务，细化了有关工作举措。

建设国家农业绿色发展先行区　促进农业现代化示范区全面绿色转型实施方案

第三批国家农业绿色发展先行区创建名单

先行区建设

2022年8月11日，农业农村部联合国家发展改革委等8部门印发《关于公布第三批国家农业绿色发展先行区创建名单的通知》，将北京市延庆区等49个地区列入第三批国家农业绿色发展先行区创建名单，先行区创建总数达到128个。近年来，各地各部门认真贯彻落实党中央、国务院决策部署，加强先行区建设，初步构建了一套推进机制、探索了一批典型模式、创设了一套政策体系、集成了一套绿色技术模式，农业绿色发展工作取得积极进展。

第三批国家农业绿色发展先行区创建名单

序号	名称	序号	名称
1	北京市延庆区	12	黑龙江省伊春市铁力市
2	天津市滨海新区	13	黑龙江省齐齐哈尔市讷河市
3	河北省邢台市威县	14	上海市青浦区
4	河北省衡水市饶阳县	15	江苏省南京市六合区
5	山西省长治市沁县	16	江苏省常州市武进区
6	内蒙古自治区赤峰市敖汉旗	17	安徽省宣城市宣州区
7	内蒙古自治区乌兰察布市察哈尔右翼前旗	18	安徽省合肥市肥东县
8	辽宁省铁岭市西丰县	19	福建省龙岩市长汀县
9	辽宁省鞍山市岫岩满族自治县	20	福建省三明市建宁县
10	吉林省四平市梨树县	21	江西省上饶市婺源县
11	吉林省白山市抚松县	22	江西省九江市瑞昌市

（续）

序号	名称	序号	名称
23	山东省济宁市金乡县	37	贵州省黔西南布依族苗族自治州贞丰县
24	山东省聊城市阳谷县	38	贵州省六盘水市水城区
25	河南省开封市兰考县	39	云南省大理白族自治州宾川县
26	河南省南阳市	40	云南省红河哈尼族彝族自治州石屏县
27	湖北省孝感市安陆市	41	西藏自治区拉萨市曲水县
28	湖北省恩施土家族苗族自治州	42	陕西省延安市富县
29	湖南省郴州市汝城县	43	陕西省商洛市商南县
30	湖南省株洲市茶陵县	44	甘肃省甘南藏族自治州
31	广东省汕尾市陆丰市	45	青海省海东市循化撒拉族自治县
32	广西壮族自治区贵港市平南县	46	新疆维吾尔自治区塔城地区额敏县
33	四川省成都市邛崃市	47	新疆生产建设兵团第二师铁门关市二十五团
34	四川省广元市剑阁县	48	北大荒集团黑龙江前进农场
35	重庆市合川区	49	广东省农垦总局湛江农垦局（徐闻片区）
36	重庆市万州区		

第三批国家农业绿色发展先行区创建推进视频会在京召开，会议要求，各级农业农村部门要认真贯彻落实党的二十大精神，牢固树立"绿水青山就是金山银山"的发展理念，切实提高政治站位，主动担当作为，明确重点任务，创新工作机制，强化责任落实，高质量建设第三批国家农业绿色发展先行区，更好发挥先行区"排头兵""试验田"作用，为推动全国农业绿色发展作出更大贡献。

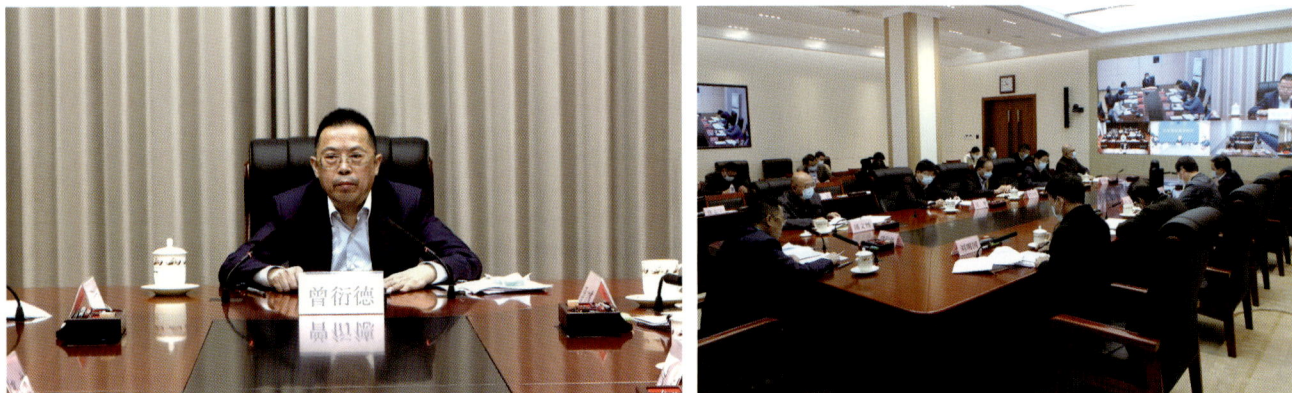

第三批国家农业绿色发展先行区创建推进视频会

2022年7月，生态总站、衢州市农业农村局、中国农业大学三方召开共建农业绿色发展先行市推进会，共同探讨衢州市农业高质量发展之路。8月，生态总站与遂宁市安居区人民政府在北京签订战略合作协议，双方将围绕挖掘传承沼气文化、推进沼气转型升级、推动农业绿色发展、探索低碳农业模式、开展乡村振兴示范创建等方面开展合作，将安居区建设成为新时代农业农村绿色低碳发展先行区、成渝地区农业农村现代化示范区，成为乡村振兴遂宁"标杆"、全省"示范"、全国"品牌"。探索以绿色发展引领农业现代化建设模式，深入推进农业绿色发展转型。8月，生态总站与四川省广元市剑阁县人民政府签订站地合作协议，探索建设以绿色发展引领农业现代化的剑阁模式。

监测评价

国家农业绿色发展长期固定观测试验站视频调度会议在北京召开，总结交流观测试验站工作进展，研究提出加快推进观测试验站建设的措施建议。

国家重要农业资源台账制度建设工作研讨视频会在京召开，会议指出，以"五个一"（即一本账、一个体系、一套标准、一个平台、一套制度）为主要内容的国家重要农业资源台账制度初步建立，国家、省、市、县、农户五级重要农业资源台账数据体系基本构建，全国重要农业资源数量、质量、时空分布等底数基本摸清，为全国及各地农业资源管理和农业绿色发展评价提供了科学依据。

中国农业科学院和中国农业绿色发展研究会发布的《中国农业绿色发展报告2021》显示，2021年全国农业绿色发展指数为77.53，较2020年提高0.62，比2015年提高了2.34。我国农业绿色发展水平持续提高，为夯实粮食安全与乡村振兴根基、推进生态文明建设积累了宝贵的发展势能。

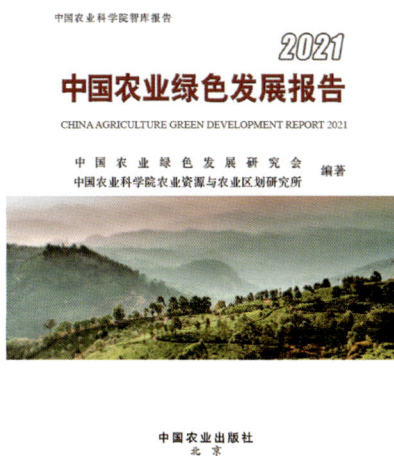

中国农业绿色发展报告

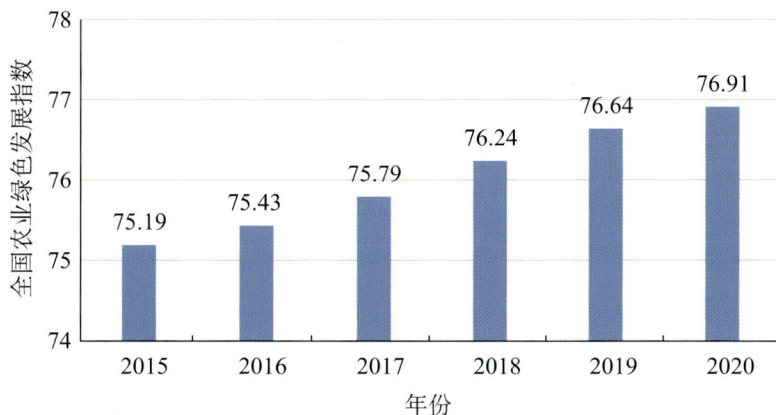

2015—2020年全国农业绿色发展指数

宣传推广

农业农村部办公厅印发《关于推介2021年全国农业绿色发展典型案例的通知》，推介了北京市顺义区等51个全国农业绿色发展典型案例。典型案例在《农产品市场》2022年第8期专刊出版，分为综合类、农业资源保护利用类、农业面源污染防治类、农业生态保护修复类、绿色低碳农业产业链打造类、绿色技术创新类、体制机制创新类等7个主题，全面反映了近年来各地坚决贯彻党中央、国务院决策部署，积极践行"绿水青山就是金山银山"的发展理念，推动农业发展方式加快转变的实践探索，为各地推动农业发展全面绿色转型提供了参考和借鉴。

由农业农村部规划设计研究院主办的农业绿色发展先行先试支撑体系建设工作培训班在山东省齐河县召开，总结交流了农业绿色发展先行先试支撑体系建设成效，安排部署下一阶段先行区建设重点工作。

农业绿色发展先行先试支撑体系建设工作培训班

国际交流

基本情况

2022年，农业环能体系积极开展与美国、英国、俄罗斯、泰国等国农业机构的生态环境领域合作，扎实做好履约谈判支撑。配合农业农村部国际合作司推动中英双方农业部门签署了《中英农业绿色发展合作谅解备忘录》，先后派员参加《生物多样性公约》第十五次缔约方大会、《名古屋议定书》第四次缔约方大会、《卡塔赫纳生物安全议定书》第十次缔约方大会、中俄总理定期会晤委员会环保合作分委会跨界保护区和生物多样性保护工作组第十六次会议、泰国农业生物多样性国际对话会等。全力做好国际项目实施与谋划，执行全球环境基金6期项目3个、7期项目2个和联合国开发计划署项目1个，涉及生物多样性保护、气候变化和能源等多个领域。《农业生态与资源保护国际信息快报》创刊，定期发布分享行业国际前沿动态信息。

中英农业绿色发展合作

2022年8月2日，农业农村部副部长张桃林在英国伦敦会见英国环境、食品和乡村事务部常务副大臣塔玛拉·芬克尔斯坦，双方就加强中英农业合作深入交换意见，并签署了《中英农业绿色发展合作谅解备忘录》，提出在农村可再生能源开发利用、农业废弃物综合利用及农业面源污染治理等领域开展合作。生态总站配合部国际合作司，与英国驻华农业参赞和相关技术官员商讨中英农业绿色发展领域合作事宜，与英国LEAF技术官员进行沟通，研讨绿色农产品认证制度建设等，推动绿色农产品认证联合示范试点。

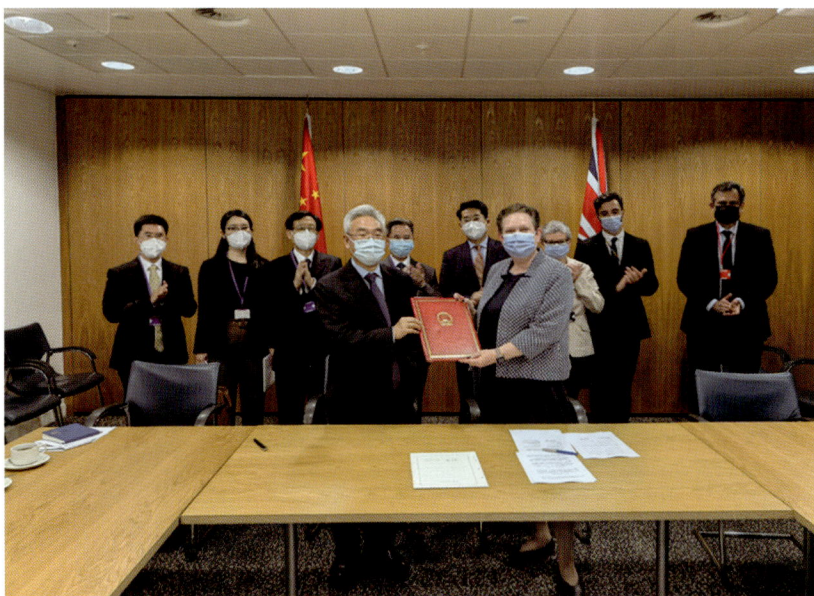

农业农村部副部长张桃林在英国伦敦会见英国环境、食品和乡村
事务部常务副大臣塔玛拉·芬克尔斯坦

国际履约谈判支撑

生态总站积极做好国际履约谈判支撑工作，紧密跟踪第27届联合国气候变化大会（COP27）农业相关议题进展，对"适应与农业"议题信息进行汇总整理，做好农业农村部赴加拿大蒙特利尔参加《生物多样性公约》第二阶段会议谈判人员出国手续办理工作，支撑保障农业领域议题谈判顺利开展。派员参加中俄总理定期会晤委员会环保合作分委会跨界保护区和生物多样性保护工作组第十六次会议，生态总站参会并代表农业农村部做农业生物多样性领域工作进展发言，参与审定了第十六次会议纪要及2023年工作计划。

国际多双边交流

生态总站派员参加法国主办的中欧建设可持续农业和食品产业网络研讨会，并作"农产品、食品生产与销售链生态转型"主旨发言，积极宣传中国方案。

生态总站派员参加世界粮食安全委员会第50届会议边会，并作"推动粮食系统转型"主旨发言，传播项目理念，宣传中国经验。

中美气候智慧型农业圆桌会在美国密苏里州举行，生态总站派员线上参加，介绍我国在农业绿色发展领域的理念、做法、体会，推动中美两国农业部门开展更深层次合作。

生态总站与亚洲开发银行共同组织召开"开发利用生物质资源，建设低碳宜居乡村"国际研讨会，并分别在湖北、河南、黑龙江设置分会场，德国慕尼黑工业大学、国家发展改革委能源研究所、清华大学、浙江大学、中国农业大学、中国农业科学院、黑龙江省农业科学院等国内外机构的16位生物质能源利用和低碳减排领域的专家，就生物质资源利用的前沿技术研究与应用、政策设计和国际案例进行了分享交流。

生态总站承办了科学技术部2022年出国（境）线上培训试点项目，顺利完成绿色低碳农业产业发展能力建设培训班，来自河北、湖北、海南、黑龙江4省的农业资源环境保护与农村能源生态建设行业50名管理技术人员参加了线上培训，学习借鉴英国绿色低碳农业生产、供给和消费理念。

联合国《生物多样性公约》缔约方大会第十五次会议（COP15）在加拿大蒙特利尔举行，主要任务是推动达成"2020年后全球生物多样性框架"，完成COP15第一阶段会议之外议题的审议，并形成缔约方大会决定，生态总站派员参加了此次会议中国代表团磋商组工作，主要负责"框架"中涉农业议题的磋商。

生态总站参加COP15第二阶段会议现场

国际项目实施与谋划

一、全球环境基金6期气候智慧型草地生态系统管理项目

围绕提高草原生产力和草牧业生产效益，继续开展参与式气候智慧型草地生态系统管理技术示范，落实春季休牧围栏封育61 242亩，圈窝种草557亩，组织1 789人次参加草地生态环境保护技术、草原生态畜牧业产业链技术培训，初步形成草原生态保护补助与奖励机制框架，编写高寒草甸气候智慧型草原碳汇管理典型案例，写入《草原生态文明建设蓝皮书》，在人民日报、学习强国、中国绿色时报、中国农网等媒体及学习平台宣传报道。

草原生态文明建设蓝皮书

"气候智慧型草地生态系统管理项目"第二次综合监测

二、全球环境基金6期中国起源作物基因多样性的农场保护与可持续利用项目

围绕政策优化、能力建设、激励机制以及知识管理等方面，继续积极推动地方品种保护与可持续利用工作纳入相关政策、法规和规划，如黑龙江省的《关于加强农业种质资源保护与利用的实施意见》，云南省的《云南省"十四五"高原特色现代农业发展规划》；在4个项目省5个示范区开展项目示范，初步形成了河北的谷子农业保险模式、河北的燕麦"企业＋农户"模式、云南的哈尼梯田冬闲季节养鱼的"稻田养鱼"模式、辽宁的"原原种—原种—良种三级繁育"种业发展模式；在5个

项目示范区分别建立并全面运行参与式管理机制，形成5个项目区农民参与式管理的典型案例，在5个项目示范区建立农民田间学校，累计培训地方农民262人；通过建立大豆科普馆、科普长廊，组织产品推介活动等，在人民网和农民日报等媒体宣传生物多样性保护、地方品种保护的重要性，累计5 000余人受益。

云南哈尼族棕扇舞

农民田间学校

三、全球环境基金6期减少外来入侵物种对中国具有全球重要意义的农业生物多样性和农业生态系统威胁的综合防控体系建设项目

以外来物种入侵防控协调机制构建、政策法规和标准规范、技术试验示范为重点，完成中国外来入侵物种防控法规和管理机制空缺分析，编制了海南省和重庆市外来入侵物种预防、控制与管理行动方案，修订了外来入侵物种早期预警和快速响应指南，编制了外来入侵物种对农业生物多样性影响评估方法，在重庆市璧山区开展核心示范区果园外来入侵物种摸底调查与危害性评估，在海南省文昌市开展目标物种发生程度、种类和危害程度调查，开展外来入侵物种防控示范推广10.2万亩，在《光明日报》和《新京报》刊登专题报道。

科普宣传直播

项目区调研

四、气候智慧型农业—华北平原和东北地区秸秆还田与土壤健康促进项目

围绕国家粮食安全和自主减排贡献两大目标，在黑龙江、辽宁、河北和山东4省开展秸秆科学还田与土壤健康示范推广工作，总结形成了5套技术模式，示范应用面积达25.55万亩，辐射推广340余万亩，作物平均单产增加8%以上，间接CO_2排放量较传统耕作降低10%，开展技术培训45次，现场指导92次，累计培训农民1.5万多人次，发放宣传资料2万余册，有效推动了秸秆可持续还田技术示范及应用。

秸秆科学还田与土壤健康示范推广技术模式

序号	模式名称	适合地区	技术名称
1	桦川模式	东北黑土区	玉米秸秆覆盖还田条带耕作技术
2	阜新模式	褐土地区	玉米全秸秆覆盖保护性耕作集成技术
3	齐河模式	黄淮海平原	小麦玉米秸秆周年轮耕分层全量还田技术
4	肥乡模式	水资源紧缺地区	小麦玉米节水种植作物秸秆还田固碳增产技术
5	新型植保配套技术模式		新型种衣剂防控小麦玉米种苗期病虫害技术

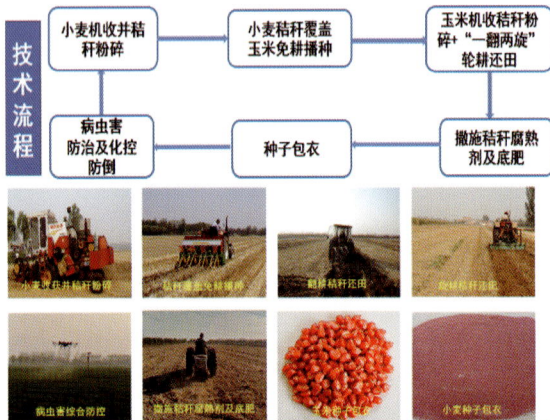
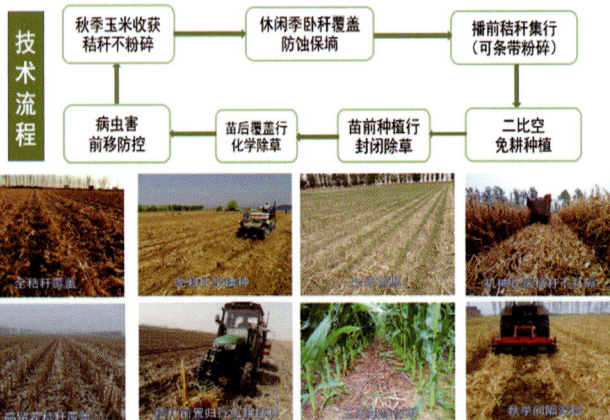

气候智慧型农业——华北平原和东北地区秸秆还田主推技术模式

五、全球环境基金7期面向可持续发展的中国农业生态系统创新性转型项目

围绕机制建设、方案编制和知识管理等重点内容，推动省级层面成立了农业农村厅牵头的省级项目指导委员会，明确了地方项目联络员，搭建涵盖景观与生态、可持续农业、气候智慧型农业、社会保障与性别、生态价值链与标准、政策与规划及病虫害防控等重点领域的国家级和省级专家指导团队，组织开展了5省项目区基线调研与示范方案编写工作，完成了初步方案编制。全球环境基金7期中国零碳村镇促进项目按照批复计划成功启动。

山东省项目区调研座谈会

王全辉首席参加世界粮食安全委员会第50届会议边会

　　根据《财政部办公厅关于做好全球环境基金第八增资期赠款项目申请工作的通知》和《全球环境基金第八增资期规划指南》有关要求，组织相关领域专家积极谋划设计相关全球环境基金8期项目。探索规划世界银行贷款项目，制订了项目申报方案，组织专家研讨了在甘肃、青海等省实施农业绿色发展和乡村振兴三期规划性贷款项目的可行性，稳步推进申报工作。

地方实践

运城市积极探索废旧反光膜回收利用模式 *

　　近年来，随着科技进步和市场消费升级，果农在苹果成熟期大面积铺设反光膜，以增加苹果着色度从而提高果品品质。山西省反光膜使用主要在临汾、运城两市，其中运城市反光膜年使用量约占全省使用量的60%以上。反光膜因重量轻、能导电、难分解，对土壤、人居环境、供电线路安全等有着巨大威胁。为解决反光膜使用带来的一系列问题，促进提高农膜回收率，运城市聚焦重点地区，从补贴机制、体系建设、加工利用3个方向积极探索、协同发力，推进废旧反光膜回收利用工作更上新台阶。

　　一是探索补贴机制。立足区域实际，在反复调研基础上，按每千克反光膜农户收集补贴0.8元、网点收储补贴0.5元、运输补贴0.1元、企业再利用补贴0.2元的标准对废旧反光膜回收利用各环节进行补贴，初步形成"收—储—运—用"补贴模式，有力支撑政府、企业、农民合力防治"白色污染"的良好局面。

　　二是强化体系建设。实施废旧反光膜回收利用体系建设试点，每乡镇建立一个回收网点、每县（市、区）建立1~2个收储中心，实现网点全覆盖。同时，规范回收网点建设，要求每个网点达到"10有4上墙"（即有固定场地、有专门人员、有明确标示标牌、有完善制度、有辐射区域、有拉运车辆、有计量设备、有消防设施、有台账、有考核，《收储站组织机构》《收储制度》《消防安全制度》《收储站十有制度》上墙），更好服务群众。

　　三是创新利用模式。资源化利用废旧反光膜是回收工作可持续开展的关键。从2018年开始，重点推进废旧反光膜脱铝技术攻关，生产出纯净PET及铝粉，破解了废旧反光膜加工再利用技术难题。

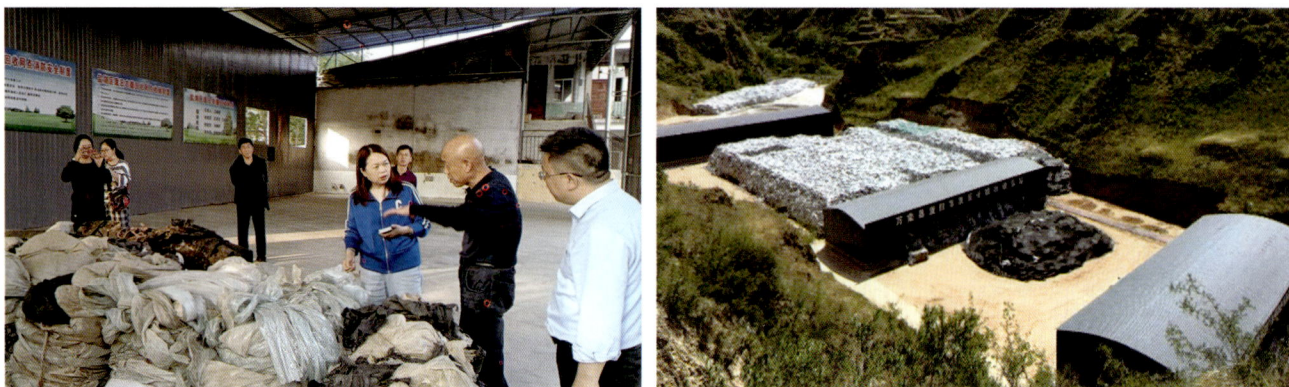

废旧反光膜收储中心

---

　　* 山西省农业生态保护与资源区划中心供稿。

　　2022年，运城市充分调动果农、专业合作社回收废旧反光膜的积极性，持续推动废旧反光膜资源化利用，废旧反光膜回收率达100%，农膜回收率达89%。

废旧反光膜资源化利用生产线

湖南省"亮剑"外来入侵物种　筑牢安全发展屏障*

　　外来物种入侵防控事关国家粮食安全、生物安全和生态安全，一旦缺位失位，将严重影响国家粮食安全，损害农牧渔业可持续发展、生物多样性和人民群众健康，防控外来入侵物种意义重大。湖南省农业农村厅积极作为、主动亮剑，抓牢抓实外来物种入侵防控工作。

　　一是部门联动，构建协同防控"大格局"。印发《湖南省进一步加强外来物种入侵防控工作方案》，建立由农业农村、海关、林业等9个厅局组成的省级协调机制。先后召开4次厅际联席会议，形成了厅际部门间协同配合、联防联控的生动局面。

　　二是全面普查，建好科学防控"数据库"。印发《湖南省外来入侵物种普查总体方案》，成立6个省级普查工作小组和1个质控小组，组织召开普查动员会、技术培训会、数据审核会，构建外来入侵物种数据库，发现185种外来入侵物种，累计制作标本1 120个。

　　三是综合防控，筑牢生物安全"防火墙"。印发《关于进一步加强湖南省福寿螺防控工作的通知》《关于做好秋冬季外来入侵物种防控工作的通知》，召开全省福寿螺防控现场灭除会、综合防控技术研讨会，设立福寿螺综合防控示范区，开展200余次外来入侵物种的集中灭除行动。

　　四是上下联动，落实经费预算"强保障"。省市县安排专门资金支持开展外来入侵物种综合治理，2022年省级财政新增专项资金1 700万元，近半数市县合计争取到1 100余万元专项工作经费，有力保障各项工作推动落实。

筑牢生物安全"防火墙"

---

　　*　湖南省农业农村厅农业资源保护与利用处供稿。

2022年底，全省累计开展福寿螺治理330.26万亩，集中铲除加拿大一枝黄花2.81万亩，草地贪夜蛾防治面积达15.2万亩次，防治效果达到95%以上，红火蚁防控面积达25.1万亩，外来入侵物种扩散蔓延趋势得到缓解，有效维护了生态安全。

建好科学防控"数据库"

构建协同防控"大格局"

绵阳市推进秸秆全域全量产业化发展 *

推进秸秆全量化利用，是推动构建技术适宜、结构完备、稳定运行、机制长效的秸秆综合利用体系的重要举措。四川省绵阳市年产秸秆300余万吨，占全省秸秆总量的近10%。近年来，绵阳市以"五化"利用为主攻方向，政府搭台，企业唱戏，农民参与，多措并举，构建秸秆全域全量综合利用体系。

一是凝聚三大动力，合力赋能秸秆综合利用新征程。政府高位推动，出台《绵阳市秸秆禁烧和综合利用财政奖补资金管理办法》《绵阳市秸秆综合利用规划》等，每年安排资金200万元扶持秸秆收储运用主体。科技支撑驱动，积极推进与四川农业大学、西南科技大学、四川省农业科学院、绵阳市农业科学研究院等科研院校的深度合作，每年培训技术人才1 000余名。群众力量调动，通过微信、QQ、广播等多渠道多形式宣传手段，在全社会广泛宣传秸秆综合利用的好处和秸秆焚烧的危害。

二是抓实三大重点，解决秸秆综合利用产业发展痛点。完善收储运新体系，建设105个收储运站点和中心，收储能力达50万吨。构建综合利用新业态，累计投入各类资金4亿余元，培育规模化综合利用主体140余家，支持秸秆饲料化、肥料化产业发展，秸秆离田率达到44.79%。建立长效新机制，探索建立完善"企业+收储运中心+收储点+农户""专合社+收储运点+农户""经纪人+农户"等多元化秸秆收储运模式和利益连接机制。

三是落实三大政策，助推秸秆综合利用产业蓬勃发展。落实新能源优惠政策，全面落实新能源调节基金、增值税季增季返、所发电量全额上网、高于脱硫煤电价收购等优惠政策。落实金融政策，

完善秸秆收储运体系

* 四川省农村能源发展中心供稿。

鼓励金融机构创新金融产品和服务，提供金融信贷支持。落实用地政策，将秸秆固化成型、发电等产业化项目用地，全面纳入土地利用总体规划布局。

2022年，绵阳市综合利用率达96.88%，构建起了集"秸秆离田、收储与综合利用一体化"的全域全量综合利用体系。

培育规模化综合利用主体

桂平市推动秸秆饲料化利用和养殖产业协同发展*

推进秸秆饲料化利用，构建绿色种植—粪肥还田—秸秆变肉—循环饲养的循环模式，是发展生态循环农业的重要路径。广西壮族自治区贵港市桂平市积极依托秸秆养牛，打造循环产业链条，促进种养业紧密衔接、提质增效。

一是以养牛产业协会为基础，打造秸秆综合利用全产业链。由桂平市农业农村局牵头，组织成立了桂平市养牛产业协会，吸纳养殖、饲料加工、秸秆加工等主体400多人。通过会员联动，构建秸秆离田收储转运网络，覆盖所有乡镇。在秸秆加工龙头企业带动下，每年秸秆饲料化加工达15万吨以上，积极推进秸秆饲料养牛，实现秸秆售卖、加工增值、养殖经营"三重收益"。

二是以交流研讨活动为平台，加强各方经营主体利益联结。每年组织举办"牛王节""农副产品交流会"等交流研讨活动，邀请政府部门、专家、企业，开展政策解读、经验交流、技术培训，引导企业提升理念、拓宽思路。同时，引导企业对新产品、新技术进行展示交流，加强企业、农户等衔接互动，提升企业知名度和影响力。

三是以项目支持建设为契机，带动秸秆养殖产业协同发展。统筹安排秸秆综合利用项目资金，创新补贴支持政策，按60元/吨对秸秆离田收储进行补助，按照50~80元/吨对秸秆加工利用进行补助，培育秸秆收储队伍12支，万吨以上秸秆加工利用主体3家。依托桂平市肉牛养殖优势基础，促进秸秆饲料化利用，构建完善的循环利用链条。

四是以强化宣传舆论为导向，营造农民企业社会广泛参与。建立秸秆综合利用展示基地9个，发布宣传报道22篇次，悬挂宣传横幅71条，发放宣传单500多份，宣传秸秆综合利用利好政策和典型

水稻秸秆离田收储

玉米秸秆粉碎加工

---

* 广西壮族自治区农业生态与资源保护站供稿。

经验做法，讲好"秸秆养牛故事"，形成千家万户秸秆养牛的良好局面。

2022年，桂平市建成秸秆收储点6个，收储面积覆盖全市，秸秆综合利用率达90%，饲料化利用比例达到22%，通过推行秸秆饲料化利用，且肉牛出栏时间能缩短1~2个月，养牛收益可增加1 000~2 000元/头。

制作秸秆青贮饲料

利用秸秆发展养牛产业

江苏省精准施策推动耕地土壤污染防治工作 *

　　耕地质量是农产品质量安全的基础，对受污染耕地开展安全利用和治理修复，有利于提高耕地质量，保证耕地可持续利用。近年来，江苏省坚持目标导向，精准施策，受污染耕地安全利用率逐步提高。

　　一是强化技术规范，提高措施落地精准性。制定并出台地方标准《受污染耕地安全利用与治理修复技术指南》（DB32/T 4231—2022），规范全省安全利用技术流程和要求。因地制宜分类分区分级精准施策，提高安全利用措施的针对性、实用性和可操作性。组织召开四期全省耕地安全利用技术视频培训，全年培训千余人次，加强技术指导，推动安全利用措施全覆盖、严格管控措施全落实。

　　二是强化示范引领，探索创新适宜技术。针对水稻、小麦及蔬菜三类主栽作物，开展适用技术示范，总结土壤重金属降活减存、重金属积累阻控、稻麦轮作系统降镉、多技术耦合模式等安全利用技术成果，并进行示范推广，为全省受污染耕地安全利用提供科学依据。

　　三是强化风险防控，常态实施监测预警。全省粮食生产功能区、重要农产品生产保护区、特色农产品优势区、重点行业企业周边等设立3 000个省级长期定位监测点，建立年度例行监测报告制度，动态掌握土壤环境质量变化情况，将重金属超标风险点位列为重点区域，进行加密检测和风险防控，切实保障耕地土壤环境质量安全。

江苏省受污染耕地安全利用示范基地

　　* 江苏省耕地质量与农业环境保护站供稿。

　　2022年，江苏省当年受污染耕地安全利用率为97.10%，受污染耕地得到有效管控，精准施用适用的技术措施，农产品生产实现安全达标，综合技术模式取得优化成果，并在全省广泛应用与推广。

现场观摩

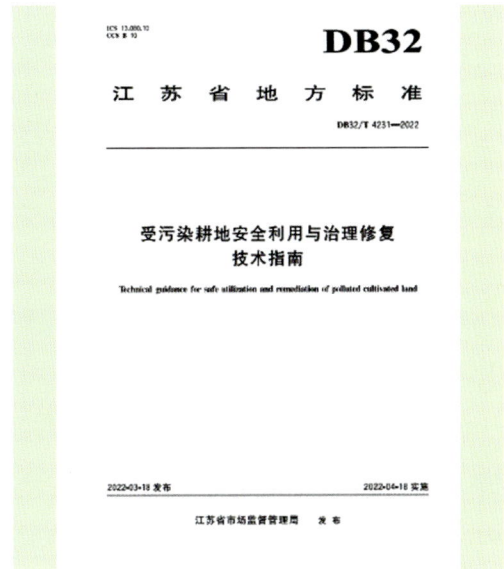

地方标准

定州市全链条治理耕地"白色"污染*

河北省定州市耕地面积111.3万亩，每年使用农膜约1 644吨。定州市按照源头减量、过程监管、末端回收利用的全链条治理思路，推进全生物降解地膜应用和残膜回收能源化利用，取得积极成效。

一是强化源头减量，推广全生物降解地膜。依托2022年地膜科学使用回收试点项目实施，争取中央和省级补助资金200万元，市级财政配套资金114.9万元，企业自筹经费49.4万元，推广应用全生物降解膜2万亩，安排农技人员进行跟踪监测和田间指导，探索地膜污染源头减量路径。

二是强化过程监管，促进国标地膜应用。定州市扎实推进标准地膜使用技术指导和地膜打假行动，2020年以来，共举办培训班16期，发放明白纸3万多份，发放真假农资识别和用户维权手册等宣传册2万余份，教育引导农户使用标准地膜。按照统一管理、依法处置的原则，出动执法人员790余人次，检查门店和企业470余个，加大普法宣传，严禁非标地膜入市、下田。

三是强化末端回收，建设专业回收体系。依托全市农村生活垃圾收集处置体系，建设覆盖全市的废旧地膜回收网点，建立收集转运队伍体系，经回收、压缩、转运等环节，交由市生活垃圾发电厂处理，实现废旧地膜的焚烧能源化利用。

2022年，全市废旧地膜回收体系基本健全，实现了废旧地膜回收整县推进、全域覆盖、能源化利用，建设17个废旧地膜专业化回收网点，推广应用全生物降解地膜2万亩以上，地膜回收率达84.46%。

推广全生物降解地膜，开展国标地膜使用技术指导

---

* 河北省农业环境保护监测总站供稿。

将废旧地膜回收纳入全市农村生活垃圾处置体系，加大科普宣传

大连市大力推进生态农场建设*

　　生态农场建设是推广生态农业技术、发展生态循环农业的基本单元，是推进农业绿色发展的重要举措，也是探索农业现代化的有效途径。大连市积极作为，挖掘全市农业绿色低碳发展典型，宣传推广生态循环农业技术模式，开展生态农场评价工作，培育了一批生态农场主体，为做好生态农场建设积累了经验。

　　一是制定市级监测管理办法。结合大连市实际，编制印发《关于规范生态农场建设有关工作的通知》，完善生态农场监测管理制度，规范农场生产过程，加强技术指导，对获批的国家级和省级生态农场实施年度评分，形成长效监测机制。

　　二是积极宣传发动。2022年，召开生态农场专题培训班3次，聘请国家和省级生态农场专家5人次，累计培训企业70余家。先后在大连电视台、大连日报、大连晚报、市政府官网等媒体上宣传报道全市生态农场企业典型模式10余次，积极引导全市农业企业参与生态农场建设。

　　三是挖掘一批生态循环农业技术典型模式。多年来，大连市农业发展秉持绿色生态理念，致力于打造北纬39°地方特色的现代农业产业。在生态农场评价工作中，挖掘了一大批生态循环农业园区，总结出一大批绿色生态农业典型模式，以此为基础编纂《大连市生态农场材料汇编》1套。

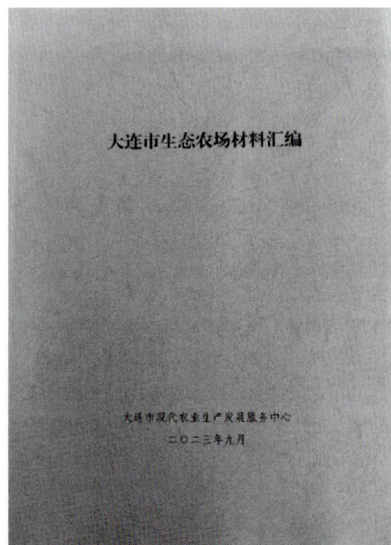

领导专家检查指导生态农场评审和培育

---

　　* 大连市现代农业生产发展服务中心供稿。

2022年，支持7家农业园区获批国家级生态农场，培育了一批生态农场主体，挖掘了一批生态循环农业典型模式，为大连市农产品品牌建设和农业绿色低碳发展提供了有力支撑。

大连棒棰岛海参养殖生态农场

大连绿海农业生态农场

附件1 2022年农业生态环境保护主要相关政策文件

序号	文件名称	文号	印发单位	日期
1	乡村建设行动实施方案	—	中共中央办公厅、国务院办公厅	5月23日
2	乡村振兴责任制实施办法	—	中共中央办公厅、国务院办公厅	11月28日
3	关于开展第三次全国土壤普查的通知	国发〔2022〕4号	国务院	1月29日
4	新污染物治理行动方案	国办发〔2022〕15号	国务院办公厅	5月4日
5	关于促进新时代新能源高质量发展的实施方案	国办函〔2022〕39号	国务院办公厅	5月14日
6	关于开展地膜科学使用回收试点工作的通知	—	农业农村部、财政部	3月16日
7	农业农村减排固碳实施方案	农科教发〔2022〕2号	农业农村部、国家发展改革委	5月7日
8	外来入侵物种管理办法	农业农村部令〔2022〕第4号	农业农村部、自然资源部、生态环境部、海关总署	5月31日
9	到2025年化肥、化学农药减量化行动方案	农农发〔2022〕8号	农业农村部	11月18日
10	重点管理外来入侵物种名录	—	农业农村部、自然资源部、生态环境部、住房和城乡建设部、海关总署、林草局	12月20日
11	农业农村污染治理攻坚战行动方案（2021—2025年）	环土壤〔2022〕8号	生态环境部、农业农村部、住房和城乡建设部、水利部、乡村振兴局	1月19日
12	数字乡村发展行动计划（2022—2025年）	—	中央网信办、农业农村部、国家发展改革委、工业和信息化部、科技部、住房和城乡建设部、商务部、市场监管总局、广电总局、乡村振兴局	1月26日
13	关于推动文化产业赋能乡村振兴的意见	文旅产业发〔2022〕33号	文化和旅游部、教育部、自然资源部、农业农村部、乡村振兴局、国家开发银行	3月21日
14	减污降碳协同增效实施方案	环综合〔2022〕42号	生态环境部、国家发展改革委、工业和信息化部、住房和城乡建设部、交通运输部、农业农村部、能源局	6月10日
15	关于新时代推进品牌建设的指导意见	发改产业〔2022〕1183号	国家发展改革委、工业和信息化部、农业农村部、商务部、国务院国资委、市场监管总局、知识产权局	7月29日
16	黄河生态保护治理攻坚战行动方案	环综合〔2022〕51号	生态环境部、最高人民法院、最高人民检察院、国家发展改革委、工业和信息化部、公安部、自然资源部、住房和城乡建设部、水利部、农业农村部、气象局、林草局	8月5日
17	深入打好长江保护修复攻坚战行动方案	环水体〔2022〕55号	生态环境部、国家发展改革委、最高人民法院、最高人民检察院、科技部、工业和信息化部、公安部、财政部、人社部、自然资源部、住房和城乡建设部、交通运输部、水利部、农业农村部、应急部、林草局、矿山安监局	8月31日

（续）

序号	文件名称	文号	印发单位	日期
18	关于完善能源绿色低碳转型体制机制和政策措施的意见	发改能源〔2022〕206号	国家发展改革委、能源局	1月30日
19	关于鼓励引导脱贫地区高质量发展庭院经济的指导意见	—	乡村振兴局、农业农村部	9月26日
20	"十四五"乡村绿化美化行动方案	林生发〔2022〕104号	林草局、农业农村部、自然资源部、乡村振兴局	10月27日
21	关于实施"科技助力乡村振兴行动"的意见	科协发普字〔2022〕27号	中国科协、乡村振兴局	7月13日
22	推进生态农场建设的指导意见	—	农业农村部办公厅	1月28日
23	外来入侵物种普查面上调查技术规程（试行）	农办科〔2022〕8号	农业农村部办公厅、自然资源部办公厅	3月21日
24	关于推进政策性开发性金融支持农业农村基础设施建设的通知	农办计财〔2022〕20号	农业农村部办公厅、乡村振兴局综合司、国家开发银行办公室、中国农业发展银行办公室	7月15日
25	关于加强农村公共厕所建设和管理的通知	—	农业农村部办公厅、自然资源部办公厅、生态环境部办公厅、住房和城乡建设部办公厅、文化和旅游部办公厅、国家卫生健康委办公厅、乡村振兴局综合司	8月8日
26	建设国家农业绿色发展先行区　促进农业现代化示范区全面绿色转型实施方案	—	农业农村部办公厅、国家发展改革委办公厅、生态环境部办公厅、中国人民银行办公厅、中华全国供销合作总社办公厅	9月22日
27	关于进一步加强黄河流域水生生物资源养护工作的通知	农渔发〔2022〕5号	渔业渔政管理局	2月22日

附件2 2022年颁布实施的农业生态环境保护主要相关标准规范

序号	标准名称	标准号	生效时间	归口单位	起草单位
1	农业环境损害事件损失评估技术准则	NY/T 1263—2022	2022/10/1	农业农村部农业资源环境标准化技术委员会	农业农村部环境保护科研监测所、农业生态环境及农产品质量安全司法鉴定中心
2	农田景观生物多样性保护导则	NY/T 4153—2022	2022/10/1	农业农村部农业资源环境标准化技术委员会	中国农业大学、农业农村部农业生态与资源保护总站、西南大学、华中农业大学、北京市农林科学院、湖北省农业生态环境保护站、山东省农业环境保护和农村能源总站
3	农产品产地环境污染应急监测技术规范	NY/T 4154—2022	2022/10/1	农业农村部农业资源环境标准化技术委员会	农业农村部环境保护科研监测所
4	农用地土壤环境损害鉴定评估技术规范	NY/T 4155—2022	2022/10/1	农业农村部农业资源环境标准化技术委员会	农业农村部环境保护科研监测所、农业生态环境及农产品质量安全司法鉴定中心
5	外来入侵杂草精准监测与变量施药技术规范	NY/T 4156—2022	2022/10/1	农业农村部农业资源环境标准化技术委员会	中国农业科学院农业环境与可持续发展研究所、农业农村部农业生态与资源保护总站
6	农作物秸秆产生和可收集系数测算技术导则	NY/T 4157—2022	2022/10/1	农业农村部农业资源环境标准化技术委员会	农业农村部农业生态与资源保护总站、农业农村部规划设计研究院、中国农业科学院农业资源与农业区划研究所、中国农业科学院农业环境与可持续发展研究所、河南农业大学、沈阳农业大学、中国农业科学院农业信息研究所、中国农业生态环境保护协会、中国标准化研究院
7	农作物秸秆资源台账数据调查与核算技术规范	NY/T 4158—2022	2022/10/1	农业农村部农业资源环境标准化技术委员会	农业农村部农业生态与资源保护总站、中国农业科学院农业资源与农业区划研究所、中国农业科学院农业环境与可持续发展研究所、农业农村部规划设计研究院、沈阳农业大学、中国农业科学院农业信息研究所、中国农业生态环境保护协会、中国标准化研究院
8	稻田氮磷流失防控技术规范 第1部分：控水减排	NY/T 4162.1—2022	2022/10/1	农业农村部农业资源环境标准化技术委员会	中国农业科学院农业资源与农业区划研究所、北京师范大学、长江大学、湖北省农业科学院植保土肥研究所、江西省农业科学院土壤肥料与资源环境研究所、安徽农业大学、辽宁省农业科学院植物营养与环境资源研究所、中国科学院精密测量科学与技术创新研究院、云南省农业科学院农业环境资源研究所、上海交通大学、黑龙江省农业科学院土壤肥料与环境资源研究所、浙江省农业科学院环境资源与土壤肥料研究所、北京大学
9	稻田氮磷流失防控技术规范 第2部分：控源增汇	NY/T 4162.2—2022	2022/10/1	农业农村部农业资源环境标准化技术委员会	中国农业科学院农业资源与农业区划研究所、云南省农业科学院农业环境资源研究所、湖北省农业科学院植保土肥研究所、辽宁省农业科学院植物营养与环境资源研究所、江西省农业科学院土壤肥料与资源环境研究所、上海交通大学、中国科学院地理科学与资源研究所

（续）

序号	标准名称	标准号	生效时间	归口单位	起草单位
10	稻田氮磷流失综合防控技术指南 第1部分：北方单季稻	NY/T 4163.1—2022	2022/10/1	农业农村部农业资源环境标准化技术委员会	中国农业科学院农业资源与农业区划研究所、辽宁省农业科学院植物营养与环境资源研究所、黑龙江省农业科学院土壤肥料与环境资源研究所、吉林省农业科学院、中国科学院地理科学与资源研究所、北京师范大学、中国科学院精密测量科学与技术创新研究院、宁夏农林科学院农业资源与环境研究所
11	稻田氮磷流失综合防控技术指南 第2部分：双季稻	NY/T 4163.2—2022	2022/10/1	农业农村部农业资源环境标准化技术委员会	中国农业科学院农业资源与农业区划研究所、湖北省农业科学院植保土肥研究所、江西省农业科学院土壤肥料与资源环境研究所、北京师范大学、中国科学院精密测量科学与技术创新研究院、长江大学、上海交通大学、广西壮族自治区农业生态与资源保护总站
12	稻田氮磷流失综合防控技术指南 第3部分：水旱轮作	NY/T 4163.3—2022	2022/10/1	农业农村部农业资源环境标准化技术委员会	中国农业科学院农业资源与农业区划研究所、湖北省农业科学院植保土肥研究所、江西省农业科学院土壤肥料与资源环境研究所、北京师范大学、云南省农业科学院农业环境资源研究所、上海交通大学、中国科学院精密测量科学与技术创新研究院、大理白族自治州农业科学推广研究院
13	生物炭	NY/T 4159—2022	2022/10/1	农业农村部农业资源环境标准化技术委员会	沈阳农业大学、辽宁省土壤肥料测试中心、辽宁金和福农业科技股份有限公司、承德避暑山庄农业发展有限公司、云南威鑫农业科技股份有限公司、河南惠农土质保育研发有限公司、安徽德博生态环境治理有限公司、沈阳隆泰生物工程有限公司
14	生物炭基肥料田间试验技术规范	NY/T 4160—2022	2022/10/1	农业农村部农业资源环境标准化技术委员会	沈阳农业大学、辽宁省土壤肥料测试中心
15	生物质热裂解炭化工艺技术规程	NY/T 4161—2022	2022/10/1	农业农村部农业资源环境标准化技术委员会	沈阳农业大学、山东理工大学、辽宁省能源研究所、上海交通大学、华南农业大学、辽宁金和福农业科技股份有限公司、承德避暑山庄农业发展有限公司、河南惠农土质保育研发有限公司、安徽德博生态环境治理有限公司、沈阳隆泰生物工程有限公司、辽宁省土壤肥料测试中心

图书在版编目（CIP）数据

2023农业资源环境保护与农村能源发展报告/农业农村部农业生态与资源保护总站编．—北京：中国农业出版社，2023.12
ISBN 978-7-109-31755-0

Ⅰ.①2… Ⅱ.①农… Ⅲ.①农业环境保护-研究报告-中国-2022②农村能源-研究-中国-2023 Ⅳ.①X322.2②F323.214

中国国家版本馆CIP数据核字（2024）第045589号

2023农业资源环境保护与农村能源发展报告
2023 NONGYE ZIYUAN HUANJING BAOHU YU NONGCUN NENGYUAN FAZHAN BAOGAO

中国农业出版社出版
地址：北京市朝阳区麦子店街18号楼
邮编：100125
责任编辑：冯英华　刘　伟
版式设计：王　晨　　责任校对：吴丽婷
印刷：中农印务有限公司
版次：2023年12月第1版
印次：2023年12月北京第1次印刷
发行：新华书店北京发行所
开本：889mm×1194mm　1/16
印张：6.25
字数：150千字
定价：118.00元